多肉植物之

萝藦奇葩

Asclepiadaceae

Miracle of Succulent Plants

赵　达◎主　编

杨晓洋◎副主编

中国林业出版社

图书在版编目(CIP)数据

多肉植物之萝藦奇葩 / 赵达主编.-- 北京 : 中国林业出版社, 2018.3(2021.4重印)

ISBN 978-7-5038-9376-6

Ⅰ. ①多… Ⅱ. ①赵… Ⅲ. ①萝藦科 Ⅳ. ①Q949.72

中国版本图书馆CIP数据核字(2017)第285721号

责任编辑：李 顺 樊 菲

本书编委会：

主 编：赵 达

副主编：杨晓洋

编 委：余 斌 耿晓远 葛 灏 吴东晔 林倩伃 刘育嘉 吴 桐 王素馨

出版发行 中国林业出版社

(100009 北京西城区德内大街刘海胡同 7 号)

电 话 (010) 83143610

印 刷 北京博海升彩色印刷有限公司

版 次 2018 年 3 月第 1 版

印 次 2021 年 4 月第 2 次

开 本 1/16

印 张 17.25

字 数 300 千字

定 价 98.00 元

PREFACE 序言

它们是植物王国中的“魔族”，它们是坠入地球的“外星花朵”，萝藦科多肉植物作为多肉植物中不可或缺的一大观赏类群，以变化多端的植株形态、千姿百态的花形、色彩斑斓的花色展现了大自然超现实的神奇一面。

小时候，因对动植物有着极大的兴趣，种了不少花草，平时走在路上都要四处观瞧每家窗台上的植物，甚至收集一些喜欢的野草的种子种在花盆里。至于对仙人掌与多肉植物开始着迷，大概要从小学说起，姥姥家邻居院里有盆仙人球让我眼馋很久，终于讨得一个侧芽种植，一直养到现在。四年级时亲戚种了一盆俗称“犀牛角”的植物，他掰下两三枝送我扦插，这便是我养的第一株萝藦了，后来才得知其学名为紫龙角（*Orbea decaisneana*）。当时年纪小，对养植物一腔热爱却并不懂其科属，多年之后的某天我浏览网络论坛时，发现了一种从来没见过的花，它的质感犹如塑胶的假花，有着奇特的条纹和斑点，看上去好像外星来的花！惊喜之余，经询问才了解到它名叫缟马（*Huernia zebrina*），又名斑马萝藦，它和之前的紫龙角都是萝藦科多肉植物家族的小小成员。自此，我与这种植物乃至它所属的庞大家族结下了不解之缘。

萝藦科多肉植物凭借其独特的外形魅力吸引着世界各地的植物爱好者，随着近十年时间多肉植物在我国的逐渐兴起，越来越多的品种被引进国内市场并大量繁殖，萝藦也不例外，尤其是近些年爱好者们对于萝藦的喜爱也逐渐升温。但相对于景天科、仙人掌科、番杏科等科属的多肉植物而言，萝藦科仍然算是一个冷门，一直是小众植物玩家的宠儿，在我国私人栽培还不普遍，了解并掌握它们的资料并不是件容易的事，随着自己不断地收集整理资料，这个奇异的未知世界才慢慢变得亲切起来。如今我在豆瓣网和人人网建立了“萝藦科多肉植物园”小站，一来可以贴出整理编写的资料文章和有参考价值的照片，供自己和花友参考查阅；二来对自己的种植做个记录，便于积累经验，慢慢进步。除此之外我还活跃于各大多肉植物网络论坛中，种植开花的成果得到了花友们的赞赏，满足自己小小虚荣心的同时也获得了很多的成就感，在遇到困难时，这些鼓励和肯定为我继续这个爱好增添了动力。

可能是因为我所学的专业和艺术相关，使我对这些与众不同的奇葩情有独钟。关注艺术和动植物成为了我生活中不可或缺的一部分。只要工作不忙时，有新开花的萝藦，我都会很认真地为它们拍照，选取各种有参考价值的角度，斟酌照片的颜色和构图，拍上近百张照片选取近十张满意的作为种植资料留存。不少花友认为我是多肉植物爱好者中的萝藦专家，我自己深知自己既不是专业的植物学者，也不是拥有超多植株的园艺场老板，有些萝藦我也是种了很多次，失败了很多次，但还是凭着这份痴迷和热爱坚持着对萝藦科多肉植物的爱好和学习。

由于萝藦科多肉植物在国内没有专门介绍它们的书籍，有不少喜好它们的朋友苦于找不到更多相关资料来了解它们。为此，我根据自身对于这类植物的关注与了解及实践经验，联合爱好这类植物的各路同仁，参考有关最新资料，编写了这本书。书中科普了大量具有代表性的萝藦科多肉植物，其中包含了市面常见和珍奇稀少的多种萝藦，配以通俗易懂的特征描述。在科普萝藦相关知识的同时发挥了自己的艺术专长，为所写内容绘制了轻松有趣的漫画插图。衷心希望越来越多的朋友能够喜欢这些与众不同的精灵。此书献给广大的养花爱好者以及热爱自然和生活的人们，愿你能从这些萝藦奇葩中感受到大自然的独特魅力，在生命中去发现和相信，去品味和感悟，心中永存一个角落另有神奇。

说实话，对于一个没有系统学习过“生物学和植物分类学”知识的人来说，要写好这本书困难重重。因个人目之所观、手之所触有限，书中难免会有疏漏和错误之处，愿各位读者海涵和斧正。

2016 年 12 月 16 日于天津

CONTENTS 目录

序　言

第 1 章　坠入地球的外星花朵
——萝藦科多肉植物概述··········001

第 2 章　生命的轮回
——花的构造及种子传播··········010

一、开花··········011
二、虫媒··········014
三、花朵结构··········016
四、种子··········020

第 3 章　故　乡
——原生地介绍··········023

第 4 章　静待花开
——栽培简述··········029

一、温室大棚栽培··········030
二、家庭栽培··········032

第 5 章　明星脸谱
——汇总图鉴··········038

一、一鸣惊人的“肉荆棘”
——枝条型萝藦··········039

乌伞角属··········040
曲冠角属··········040

水牛角属……041
白前属……062
球花角属……064
玉牛角属……065
钝牛角属……072
青龙角属……073
巨龙角属……082
叶牛角属……085
丽杯角属……086
剑龙角属……090
剑笋角属……117
异杯角属……118
姬龙角属……118
伏龙角属……119
豹皮花属……120
六棱萝藦属……146
姬笋角属……149
南蛮角属……152
皱龙角属……155
齿龙角属……159
肉珊瑚属……160
鳞龙角属……162
犀角属……163
海葵角属……185
壶花角属……190
钩蕊花属……191
丽钟角属……192
三齿萝藦属……194
盘龙角属……198

二、披着恐龙皮的石头
——高度肉质化的萝藦……204

凝蹄玉属……205
沙龙玉属……208
佛头玉属……208
佛指玉属……210

三、发芽开花的“萝卜”和“土豆”
——生有块根的萝藦……213

润肺草属……215
吊灯花属……219
水根藤属……220
番萝藦属……221
球杠柳属……222
薯萝藦属……222
冠萝藦属……223

四、翩翩起舞的精灵
——吊灯花属萝藦……229

吊灯花属……232

五、“混血王子”和“突变异族”
——杂交和变异的萝藦……249

致　谢……258
跋……260
参考文献……262
中文名索引……263
拉丁名索引……266

第1章

坠入地球的外星花朵

——萝藦科多肉植物概述

这些星星形状的东西是什么？

是海星？

不是。

是塑料花？

也不是。

是某种外星生物？

又猜错了。

其实它们是某类植物的花朵。

虽然它们的样子看上去好像来自外星球，

其实它们和我们一样，

生存在地球上，

并且离我们并不遥远。

在植物王国中，有这样一个极其魔性的庞大家族，它们拥有千变万化的花色、精巧奇特的花形和各不相同的身材及样貌，它们家族的名字叫萝藦科，略懂植物的爱好者们喜欢称呼它们为——萝藦。

当你在路边散步的时候，经常能碰到一两种有着心形叶子的藤本小花。

它们只是萝藦大家族中较为常见的小小成员。

萝藦
（*Metaplexis japonica*）

鹅绒藤
（*Cynanchum chinense*）

鹅绒藤
（*Cynanchum chinense*）

萝藦科 Asclepiadaceae

杠柳（*Periploca sepium*）　（杨晓洋　供）

萝藦科是双子叶植物纲龙胆目的一个科，其模式属为马利筋属（*Asclepias*）。多数为生有叶子的多年生草本、灌木、藤本，稀为乔木，是一个种类繁多的庞大家族，约250个属，2000多种。近期的APG分类法主张将萝藦科并入到夹竹桃科（*Apocynaceae*）内，成为夹竹桃科下的一个亚科，称为萝藦亚科（*Asclepiadoideae*），这本书里笔者暂时还按照传统分类将其当做萝藦科对待，方便初学的读者理解。（配图多为典型的萝藦科植物）

马利筋（*Asclepias curassavica*）
（杨晓洋　供）

须瓣角荚藤（*Gonolobus barbatus*）
（张招招　供）

碧冠马利筋（*Asclepias eminens*）
（Georg Fritz　供）

牛角瓜（*Calotropis gigantea*）　（杨晓洋　供）

山魁网花藤（*Dictyanthus pavonii*）　（张招招 供）

唐棉（*Gomphocarpus fruticosus*）　（Georg Fritz 供）

天蓝尖瓣木（*Oxypetalum coeruleum*）　（朱鑫鑫 供）

舌杯花（*Pachycarpus schinzianus*）　（Georg Fritz 供）

在萝藦科这个庞大的家族中，有些萝藦具有肉质茎，有的具有较厚的肉质叶，例如：生有肉质叶片的球兰属（*Hoya*）和眼树莲属（*Dischidia*）植物，常被栽培作为多肉植物观赏。（配图为生有肉质叶片的萝藦科植物）

两型叶的青蛙藤（*Dischidia vidalii*）　（杨晓洋 供）

绿叶球兰（*Hoya carnosa*）

串钱藤（*Dischidia nummularia*）

在生有明显肉质茎的萝藦科多肉植物中，有几百种因花朵花纹独特而美丽被俗称为豹皮花，所以“豹皮花”也慢慢变成了大部分萝藦科多肉植物的代称，由于绝大部分的萝藦花都接近五角星形状，所以也被俗称为“五星花”或“魔星花”。它们是造物主创作出的神奇艺术品，不落俗套，个性十足。（配图为典型的“豹皮花”）

缟马（*Huernia zebrina*）

豹皮花（*Orbea variegata*）（余斌 供）

毛犀角（*Stapelia hirsuta*）

紫龙角（*Orbea decaisneana*）（SATURDAYS SUCCULENTS 供）

绚丽多彩的“豹皮花”

萝藦科多肉植物植株形态众多，大多数生有肉质的茎，边缘呈犀角状或软刺状等，很多枝条外形极其相似，不开花时很难分辨出具体的种（有栽培经验且相对了解它们的爱好者可以根据枝条外形及花纹的些许差别分辨出部分种）。也有一些萝藦科多肉植物外形更加特殊，如：藤蔓状的，生有较大的块根上面长有叶子的，看上去像生有硬刺的仙人掌的，高度肉质化导致外形看上去像一块石头的。

一些不同外形的肉质茎：

丽杯阁（*Hoodia gordonii*）

爱之蔓（*Ceropegia woodii*）

凝蹄玉（*Pseudolithos migiurtinus*）（葛灏 供）

球花润肺草（*Brachystelma buchananii*）

萝藦科多肉植物如同其他植物一样，都有各自对应的拉丁文学名，其中一部分已经确定中文名。在栽培过程中为了便于分辨它们，常在花盆里插上带有学名的标签。

花卉市场中插满开花照标签的萝藦科多肉植物　　（季斌、贡琛　供）

第2章 生命的轮回

——花的构造及种子传播

（耿晓远 供）

一、开花

萝藦科多肉植物的花季多在夏秋两季，家庭栽培时如果环境适宜，一年四季都有机会开花，大部分萝藦开花会先从茎干的枝节部位长出花苞。随后花苞慢慢膨胀变大，多数花苞变大后乍一看像个“包子”，“包子”成熟出笼时就是见证奇迹的时刻！它们或几个花瓣同时绽放，或一瓣一瓣逐一打开，一朵朵构造精巧、花纹独特的萝藦花便跃然眼前。

巨龙角（*Edithcolea grandis*）的花苞

巨花犀角（*Stapelia gigantea*）的花苞
（叶纮嵩 供）

花苞逐渐膨胀变大直至开放的豹皮花（*Orbea variegata*）

不同种的萝藦，花的大小也会不同，有些种的花朵直径仅几毫米，如姬龙角（*Notechidnopsis tessellata*），有的种则可达 30 厘米，如巨花犀角（*Stapelia gigantea*）。

姬龙角（*Notechidnopsis tessellata*）（图中 5 和 6 之间的距离是 1 厘米）（李梅华 供）

黄色花：巨花犀角（*Stapelia gigantea*）；紫色花：高天角（*Stapelia gettliffei*）× 巨花犀角（*Stapelia gigantea*）（叶纮甯 供）

很多萝藦花在开放后不久，花瓣会向后"翻卷"，使花朵呈现出另一番模样。有的花从"五星"状变成圆圆的"毛球儿"，有趣可爱。

花瓣后翻使花瓣变窄的妖星角（*Stapelia flavopurpurea*）

开花不久，花瓣逐渐向后"翻卷"的萝藦花

花瓣后翻，变成毛球状的萝藦花

二、虫媒

对萝藦有粗浅了解的朋友都戏称萝藦为“臭臭花”，多肉植物论坛里的萝藦帖子下面的回复除了对其花朵的外貌啧啧称奇之外，还会有不少朋友询问气味如何？萝藦花的构造不同于其他植物，它们授粉有自己的特约虫媒——苍蝇。几年前市面上的部分萝藦，如巨花犀角（*Stapelia gigantea*）、紫龙角（*Orbea decaisneana*）等，开花有腐臭味或者不好闻的怪味，有的种开花时有海鲜般的腥味，花上还有绒毛或似毛肚状的质感用来吸引虫媒，所以长久以来大家一直误认为萝藦的花都有难闻的气味，即使对其奇特的花朵感兴趣，一听说有不好的气味也望而却步了。实际上很多的萝藦科多肉植物并不像大家所听说的开花时有难闻气味，随着很多开花奇异美观的新种被相继发现并从国外引进，大家正在逐渐改变对它们的“偏见”。不少萝藦开花时除非把鼻子紧贴才能闻到淡淡的气味，有不少种开花无味，也有的种开花有类似于蜂蜜的气味 [如妖星角（*Stapelia flavopurpurea*）] 和香甜的气味。在自然界中，很多萝藦科植物也会吸引蜜蜂和甲虫来为其授粉，球兰属（*Hoya*）很多香花的球兰和夜来香（*Telosma cordata*）也都是萝藦家族的成员。

一些香花的球兰（*Hoya* sp.） （沈献刚　供）　夜来香（*Telosma cordata*） （杨晓洋　供）

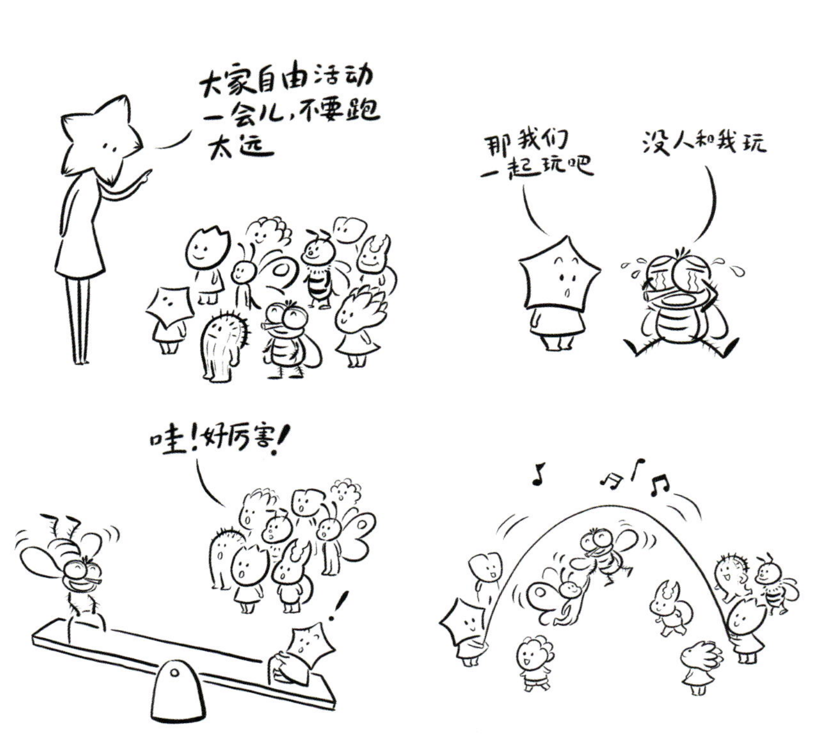

被萝藦花吸引而来的蝇类：

(Marie Rzepecky 供)

(Gaetano Moschetti 供)

(Luiza Ferreira 供)

(Luiza Ferreira 供)

图中昆虫是长相和蜜蜂有几分相似的食蚜蝇
(Nick Lambert 供)

三、花朵结构

萝藦科的花都是两性花，一朵花里既有雌蕊也有雄蕊，但花的构造比较特殊，和平时常见的花朵不同，花中的雌雄蕊合生成合蕊柱，而且雄蕊的花药并不会裂开释放出粉状的花粉，而是结成块状的花粉块。

这两点都和兰科植物极为类似，所以萝藦科的花犹如多肉植物界的兰花，精巧百变，造型奇特，数量繁多，通常每个种在原生地都有其特定的授粉者。没有粉状花粉（一些常见花卉的粉状花粉很多，昆虫被吸引来之后花粉容易沾到它们身上，当昆虫再到另一朵花上活动时就能轻松完成授粉），花粉块又极其微小，导致萝藦科的授粉通常要由昆虫来完成，人工授粉极为困难。萝藦科多肉植物通常情况下是异花授粉，一些异花授粉的种偶尔也会有一些自花授粉现象。

以下是萝藦科花的构造介绍：

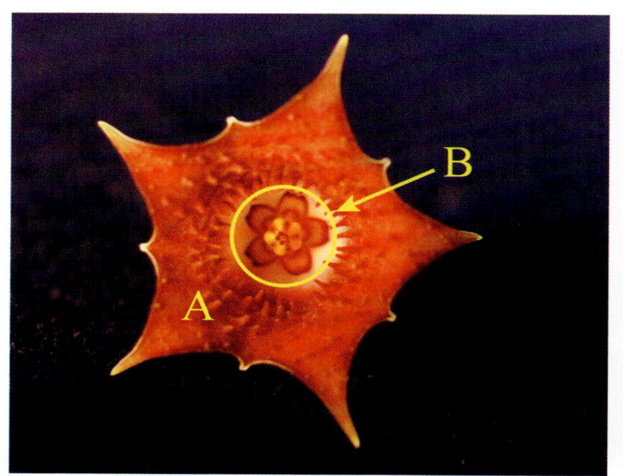

剑龙角属（*Huernia* sp.） （Dong-ya Wu 供）

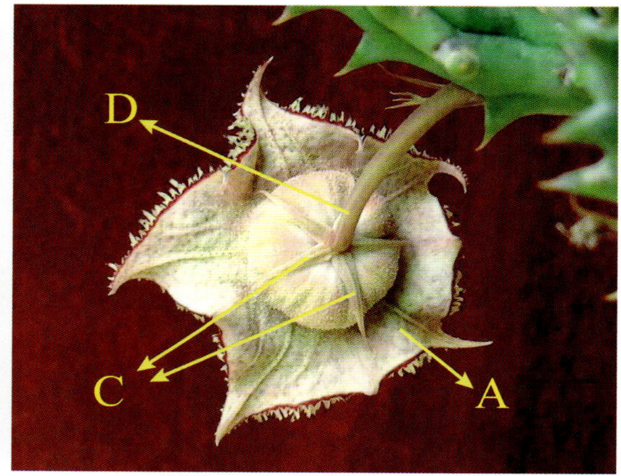

豪猪剑龙角（*Huernia hystrix*）

外围的部分称为花冠（A: corolla），有 5 个裂片。中心的部分称为副花冠（B: corona），从花的背面还可以看到花萼（C: sepal）和花梗（D: pedicel）。

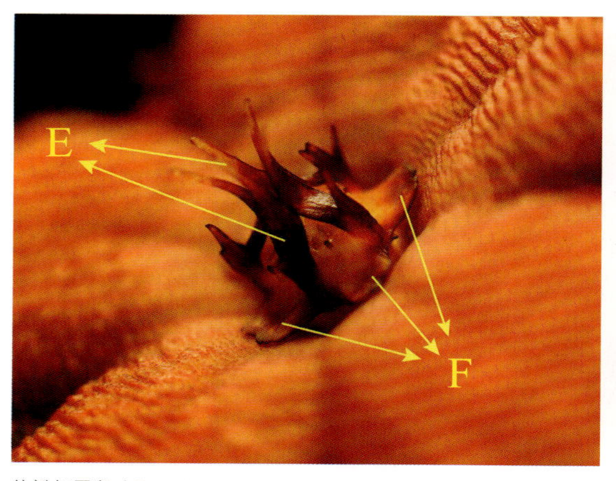

纹瓣红犀角（*Stapelia schinzii* var. *angolensis*） （Dong-ya Wu 供）

密绒犀角（*Stapelia obducta*）

副花冠分内外两部分：内轮副花冠（E: inner corona）和外轮副花冠（F: outer corona）。

缟马（*Huernia zebrina*）（余斌 供）

豹皮花（*Orbea variegata*）（余斌 供）

有些属的花在花冠中央部分会有环状隆起（G），英文把这部分称为"annulus"，这些花朵有环状隆起的种类英文又称之为"lifesaver plant"，中文可形象地直译为"救生圈植物"。

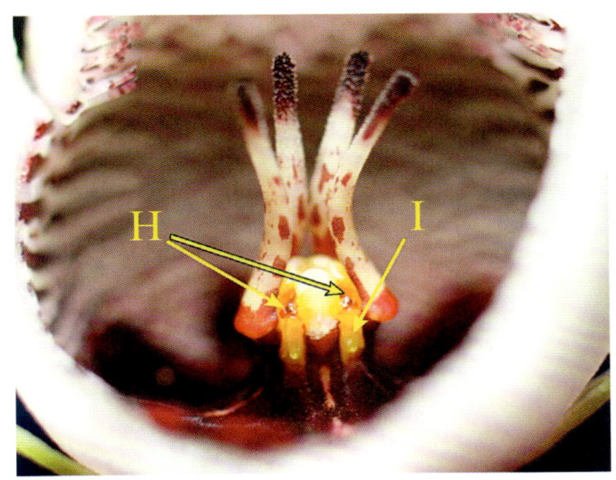

月儿剑龙角（*Huernia hislopii*）（Dong-ya Wu 供）

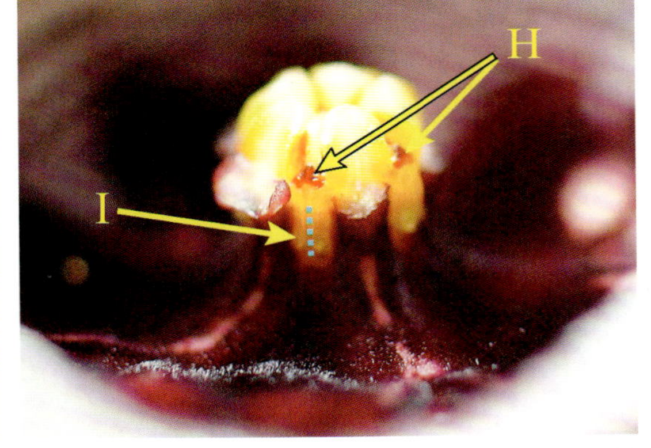

月儿剑龙角（*Huernia hislopii*）（Dong-ya Wu 供）

朱砂剑龙角（*Huernia schneideriana*）（Dong-ya Wu 供）

摘除副花冠的一个甚至五个部分后，更易于看到在左右两边各有一个咖啡色的花粉块（H: pollinarium），五个副花冠间安插有五个花粉块，五个花粉块下方各有一个金黄色的雄蕊锁（I: staminal lock），也有人称之为导引轨道（guide rail）或花药翼（anther wing）。雄蕊锁的中央有一条沟槽（图中蓝色虚线的位置）。

犀角属高天角的花粉块
Stapelia Pollinarium（*Stapelia gettliffei*）
（Dong-ya Wu 供）

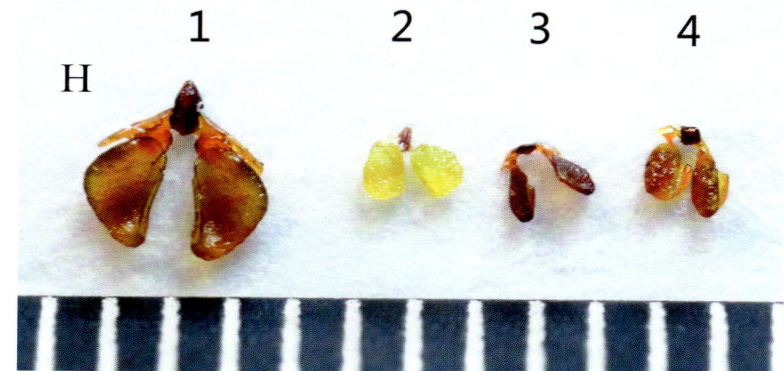

四个不同种萝藦的花粉块（H: pollinarium）：
1—高天角（*Stapelia gettliffei*）
2—珊瑚萝藦（*Caralluma socotrana*）
3—缟马（*Huernia zebrina*）
4—朱砂剑龙角（*Huernia schneideriana*）
（SATURDAYS SUCCULENTS 供）

花粉块可以用细针或小镊子挑起来，这些花粉块在苍蝇或其他昆虫停留在花上时，常常被昆虫的口器或脚勾起来。图中尺子上两条白线间的距离是 1 毫米。

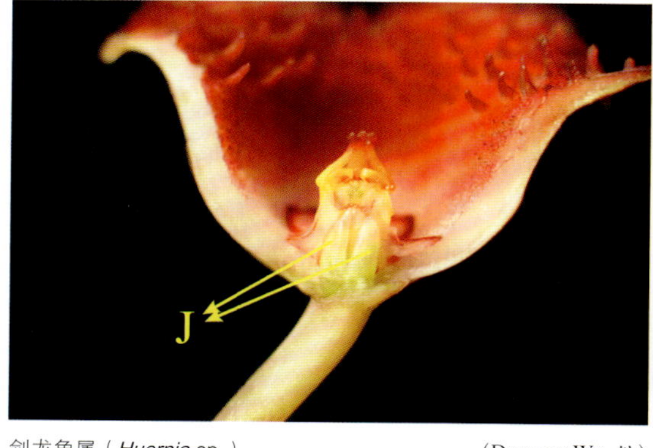

剑龙角属（*Huernia* sp.） （Dong-ya Wu 供）

缟马（*Huernia zebrina*） （Dong-ya Wu 供）

将中心的合蕊柱外围切开，可以看到两个心皮（J: carpel），子房由两枚离生心皮组成，一旦授粉成功这两个心皮就各长成一个果荚（正式名称是“蓇葖果”），所以经常看到萝藦科植物结出一对“V”字型的果，也有因一个心皮不发育而单生的现象。

高天角（*Stapelia gettliffei*）的花粉块（H: pollinarium）
（SATURDAYS SUCCULENTS 供）

高天角（*Stapelia gettliffei*）的花粉块（H: pollinarium）
（Dong-ya Wu 供）

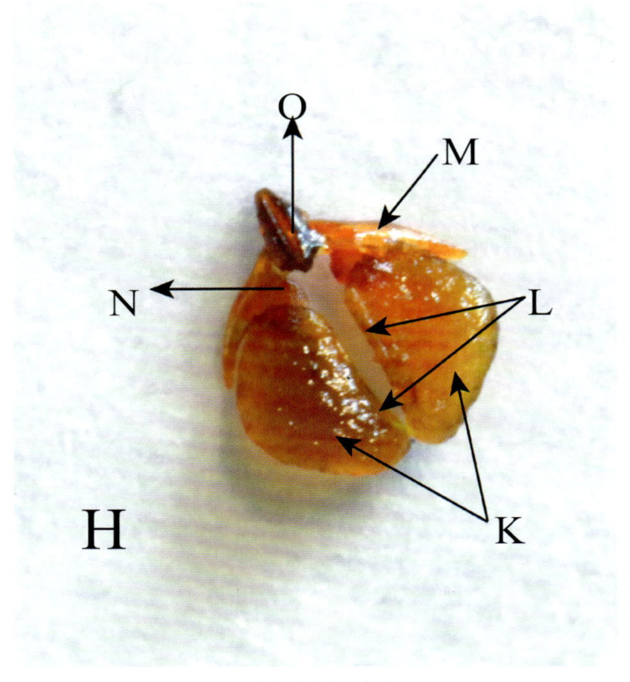

高天角（*Stapelia gettliffei*）的花粉块结构图解析（H: pollinarium）
（SATURDAYS SUCCULENTS 供）

右图中各部位构造分别为：

K: 花粉块（pollinium）

L: 花粉匙（pollinium key）

M: 花粉块柄翼（caudicle wing，wing）

N: 花粉块柄（caudicle，stalk）

O: 着粉腺（corpusculum，gland）

之前提到的花粉块（H: pollinarium）实际是由两个花粉块（K: pollinium）连接为一组，花粉块内侧有个长条状的构造，这个构造被称为花粉匙（L: pollinium key）。

萝藦科花的授粉过程如下：苍蝇或其他昆虫的口器或脚从第一朵花勾起花粉块，接着又飞到第二朵花时，花粉块就有可能陷入第二朵花的雄蕊锁中央的沟槽内，一旦花粉块钥匙嵌入沟槽，就会与合蕊柱的雌蕊柱头接触，完成授粉。花粉稍后萌发产生花粉管，深入

口器上黏有花粉块的苍蝇（章奇 供）

口器上黏有花粉块的苍蝇（Marie Rzepecky 供）

内部的子房，由珠孔处进入胚珠并释放两枚精子，分别与胚珠内的卵细胞和一对极核融合，形成受精卵和受精极核，从而完成受精过程。

四、种子

授粉成功后，萝藦会长出“V”字型的果荚，摆出传宗接代的胜利手势。种子初期被包在果荚中逐渐发育成长，随着果荚成熟，当种子成熟以后，果荚便炸裂开释放出种子。种子尾部带有长长的绢质种毛，可以帮助种子随着空气中的气流飘到下一个适合生长的地方，开始新一轮的生命旅程，就像蒲公英一样。

结出果荚的紫麻角（*Orbea ubomboensis*）（Obety José Baptista 供）

结出果荚的凝蹄玉（*Pseudolithos migiurtinus*）（Gaetano Moschetti 供）

裂开后露出种子的果荚（余斌 供）

裂开后露出种子的果荚

带有绢质种毛的种子

带有绢质种毛的种子

豹皮花属（*Orbea*）幼苗（播种出芽后近半个月）

金簪水牛角（*Caralluma flava*）幼苗（2 个月，已长出真叶）

鬼骨水牛角（*Caralluma priogonium*）幼苗（2 个月，已长出真叶）

犀角属（*Stapelia*）幼苗（近 1 个月，已长出真叶）

第3章 故　乡

——原生地介绍

丽杯阁（*Hoodia gordonii*），拍摄于南非北开普省（Northern Cape）靠近奥兰治河（Orange River）的诺多瓦（Noordoewer）　（Martin Heigan 供）

棒星角（*Orbea maculata*）的花，拍摄于南非莫桑比克（Mozambique）加扎省（Gaza）的马巴拉内地区（Mabalane） （Ton Rulkens 供）

生长在灌木丛间的棒星角（*Orbea maculata*），拍摄于南非莫桑比克（Mozambique）加扎省（Gaza）的马巴拉内地区（Mabalane）
（Ton Rulkens 供）

萝藦主要分布在热带、亚热带以及少数温带地区。

多肉植物的原生地以非洲和美洲居多，大多集中在非洲。非洲虽然气候炎热，但并不代表多肉植物都喜欢炎热的环境，在非洲只有一些地方多肉植物种类较多，萝藦科多肉植物也多生存在这些地区。

大部分萝藦科多肉植物，例如：剑龙角属（*Huernia*）、丽杯角属（*Hoodia*）和佛头玉属（*Larryleachia*）的许多萝藦生长在南非（South Africa）和非洲西南部的纳米比亚（Namibia）、津巴布韦（Zimbabwe）、安哥拉（Angola）等地。南非和纳米比亚是气候相对凉爽的地区，每年有一段较长时间的旱季。南非是地形和小气候丰富多样的地区，年均温度在 0℃以上，一般为 12 ~ 23℃。东部沿海年降水量可达 1200 毫米，夏季湿润多雨，冬季为旱季，越向西越干燥，西部年降水量少于 500 毫米，最干旱的地方年降水量仅有 60 毫米。南部沿海一带较湿润。纳米比亚与南非相比更加干旱，少雨多雾，气候特殊，拥有一个很大且凉快的沿海沙漠——纳米布沙漠（Namib Desert）。

丽杯角属（*Hoodia* sp.），拍摄于纳米比亚（Namibia） （Georg Fritz 供）

珠点佛头玉（*Larryleachia perlata*），拍摄于南非北开普省（Northern Cape）的里希特费尔德（Richtersveld） （Martin Heigan 供）

结出果荚的佛头玉属（*Larryleachia* sp.），拍摄于纳米比亚（Namibia）的斯瓦科普蒙德（Swakopmund） （Georg Fritz 供）

金星丽杯阁（*Hoodia alstonii*），拍摄于南非北开普省（Northern Cape）的里希特费尔德（Richtersveld） （Martin Heigan 供）

一些海岛也是萝藦科多肉植物的家，非洲西北海岸和西海岸外大西洋上的加那利群岛（Canary Islands）、马德拉群岛（Madeira）和特内里费岛（Tenerife）等海岛原由火山构成，土壤肥沃，有着稳定的平均温度——夏季 22℃，冬季 16℃，为冬暖夏凉的亚热带气候，吊灯花属（*Ceropegia*）的部分种分布于此。太平洋上的新几内亚岛（New Guinea）等地也生长着吊灯花属的一些种。水牛角属（*Caralluma*）的一些种，例如珊瑚萝藦（*Caralluma socotrana*）主要分布在印度洋西部、非洲之角以东的索科特拉岛（Socotra）。马达加斯加岛（Madagascar）位于非洲大陆的东南海面上，该岛的东北部和西南部气候差异很大，西南部热带干湿季气候区是多肉植物主要的分布区域，例如吊灯花属的环腊泉花（*Ceropegia armandii*）。

非洲最东部的索马里半岛（Somalia），全境以平缓的低高原为主，海拔由北向南渐降，北部多山，西南部为草原、半沙漠和沙漠。大部分地区属热带沙漠气候，西南部属热带草原气候，年降水量自南而北从 500 ~ 600 毫米减至 100 毫米以下，终年高温少雨。凝蹄玉属（*Pseudolithos*）和沙龙玉属（*White-sloanea*）均发现于此。

除了以上提到的一些萝藦的主要原生地外，其他属的萝藦科多肉植物在世界多地均有分布。

东非的肯尼亚（Kenya）、坦桑尼亚（Tanzania），非洲东北部的埃塞俄比亚（Ethiopia）、厄立特里亚（Eritrea），北非的撒哈拉沙漠（Sahara Desert），西非；地中海（Mediterranean Sea）

索科特拉岛（Socotra）的珊瑚萝藦（*Caralluma socotrana*）　　（Marie Rzepecky 供）

沿岸地区；亚洲的阿曼（Oman）、也门（Yemen）、沙特阿拉伯（Saudi Arabia）、印度（India）、缅甸（Myanmar）等地；欧洲的西班牙（Spain）等地；大洋洲；美洲等很多地方都或多或少有萝藦科多肉植物的踪影。

生长于特内里费岛（Tenerife）南部的吊灯花属（*Ceropegia*）萝藦：浓昙吊灯花（*Ceropegia fusca*） （Roberto Mangani 供）

第4章

静待花开

——栽培简述

（Claudio Cravero 供）

一、温室大棚栽培

大的玻璃温室及大棚可透光和遮雨，有较好的保温保湿功能并配有通风设备，用遮光网来调节光照，栽培成效较好。由于冬季温室或大棚温度昼夜温差大，夜间温度易过低，个别对低温敏感且耐受力差的萝藦科多肉植物有可能被冻伤。

（Cok Grootscholten 供）

（Lukács Márk 供）

（Lukács Márk 供）

二、家庭栽培

1. 配土及浇水

萝藦科多肉植物对土壤的要求不是很严格，种植于各种各样无论精细还是粗犷的配土，都有开花的现象。当然这也和种植当地的温度、湿度、光照等大环境有着密不可分的关系。萝藦家庭栽培一般采用盆栽，配土可掌握疏松、排水透气性好的一般规律。可选用珍珠岩、粗砂、轻石、泥炭、稻壳炭、虹彩石、蜂窝煤渣、腐叶土、赤玉土、鹿沼土、园土等，参考自身的栽培环境混合配制成培养土。有些园艺爱好者为了避免盆土过湿导致烂根采用透气性较好的陶盆种植。有些爱好者用塑料盆种植，配土较疏松且浇水不频繁从而使盆土保持适宜植株生长的湿度，依然能收到很好的栽培效果。生长期可充分浇水，见湿见干，不能长期过湿或积水。夏季过于闷热潮湿的天气里盆土不易干燥，要注意遮雨并控制浇水，避免浇水过多导致烂根。家庭栽培萝藦的土壤不宜过于贫瘠，有些肥力会促进生长及开花，最好隔一两年更换一次盆土。

（SATURDAYS SUCCULENTS 供）

2. 温度

萝藦科多肉植物喜欢温暖的环境，25 ~ 32℃时可以看到它们较明显的生长迹象。中国北方进入冬季时，在有暖气的情况下，冬季家庭室内温度能达到22℃左右，可将植株移入室内向阳处，注意控制浇水，大部分萝藦可以安全过冬。也有些相对娇气的萝藦比较怕冷，比如:凝蹄玉属（*Pseudolithos*）、波斯地毯（*Edithcolea grandis*）、珊瑚萝藦（*Caralluma socotrana*）等。它们对低温极其敏感，在低于25℃的环境下较容易出现问题，可以配以加温线、温控器、小暖棚、暖风机等设备，在注意设备使用安全的情况下营造一个稳定温暖的环境，保证它们不受冻害。在深秋的时候，气温骤降，植株逐渐进入休眠期停止生长，需开始控制浇水。一些块根类的萝藦叶片开始脱落并休眠，这个时候如果浇水，盆土干得慢，温度又低，块根很容易腐烂。南方冬季在室内没有暖气的情况下，温度低于20℃时，需减少浇水。有的花友对于一些怕冷的萝藦甚至选择一冬天都断水，将其放置于较温暖的向阳处。植株在休眠期外观看起来会有些许的萎蔫，但不会死亡，等待开春天气转暖后再逐渐恢复浇水，植株照样能恢复生机。

3. 光照

萝藦科多肉植物虽然喜欢充足的光照，但这并不代表它们喜欢暴晒。常见的一些，如巨花犀角（*Stapelia gigantea*）、紫龙角（*Orbea decaisneana*）等，以及剑龙角属（*Huernia*）的部分种和丽杯角属（*Hoodia*），它们大多生长健壮，耐受力较强，可以经受一定时间的强阳光直射，但时间过长肉质茎会呈现红色甚至被晒伤。一些体形迷你的萝藦，如玉牛角属（*Duvalia*）、青龙角属（*Echidnopsis*）的部分种、姬笋角属（*Piaranthus*）枝条相对柔弱，经不起炎热夏季的持续暴晒，极易被晒伤。吊灯花属（*Ceropegia*）喜欢半阴的环境，也就是俗称的“花花太阳”的环境，在炎热的夏季需要适度遮阴保持阴凉。大部分萝藦在生长期要保证有充足的散射光照射，在露养的条件下可用波浪板、阳光板、纱网及遮阴网等遮阳材料根据不同种的耐光程度适度遮阴，避免晒伤。特别是在连天阴雨后突然出太阳的时候，空气湿度骤降，温度突然升高，植株更容易被晒伤。在一些温室大棚和隔着玻璃且适度通风的室内向阳窗台，强烈的阳光由于有专用透明塑料胶布、遮阴网和玻璃的遮挡，是不易晒伤植株的。国外很多家庭栽培萝藦科多肉植物，在适度通风且隔着玻璃的向阳窗台都收到了比较好的栽培效果。

家庭玻璃房中的萝藦 （Mike Haney 供）

会攀缘的吊灯花属萝藦可在花盆中设立支架

家庭温室中的萝藦 （Claudio Cravero 供）

摆放在一起的萝藦花朵：

（Mike Haney 供）

（刘育嘉 供）

（Mike Haney 供）

（Mike Haney 供）

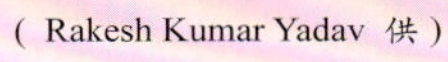

（ Rakesh Kumar Yadav 供 ）

（Dong-ya Wu 供）

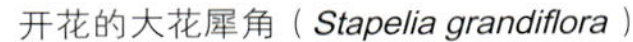

开花的大花犀角（*Stapelia grandiflora*）

开花旺盛的黄绿色尾花角（*Orbea caudata*） （游贵程 供）

4. 繁殖方法

大部分枝条型萝藦和吊灯花属的萝藦多采用扦插方式繁殖，在温度适合的前提下，从分枝处切取约 10 厘米生长强健的枝条，放置于通风处待切口完全晾干后，扦插于疏松透气的培养土中，逐渐适量浇水，保持培养土一定的湿度的同时每次浇水不宜过多，一般扦插后 20 天左右生出较明显的根。萝藦也可种子繁殖，大部分种子较易出芽，幼苗管理须更加细心，控制光照及浇水等。高度肉质化的萝藦 [（如：凝蹄玉（*Pseudolithos migiurtinus*）、沙龙玉（*White-sloanea crassa*）等] 和大多数块根类的萝藦一般采用种子繁殖的方式。大部分萝藦科多肉植物较易繁殖成活，生长旺盛；一些相对少见的种无论扦插繁殖还是种子繁殖都具有一定的难度，成活率较低。

可用于扦插的萝藦枝条

进行扦插繁殖的萝藦枝条

5. 嫁接

通过嫁接可以使一些生长缓慢的萝藦科多肉植物加快生长，也常常通过嫁接的方式来挽救一些发生病变的植株。嫁接的接穗多见于枝条型萝藦、吊灯花属的萝藦和高度肉质化的萝藦，尤其是对低温敏感易造成根部腐烂的种，如：凝蹄玉（*Pseudolithos migiurtinus*）、珊瑚萝藦（*Caralluma socotrana*）、波斯地毯（*Edithcolea grandis*）等。砧木通常选用水牛角属的唐人棒（*Caralluma foetida*）和美丽水牛角（*Caralluma speciosa*）；丽杯角属（*Hoodia*）萝藦；生长强健的犀角属（*Stapelia*）萝藦，如：巨花犀角（*Stapelia gigantea*）、毛犀角（*Stapelia hirsuta*）等；以及爱之蔓（*Ceropegia woodii*）的块根。

嫁接后的枝条型萝藦

嫁接后的高度肉质化的萝藦
（Felipe Escudero Ganem 供）

嫁接后生长出许多侧芽的接穗，砧木为美丽水牛角（*Caralluma speciosa*）

嫁接后的高度肉质化的萝藦，砧木为丽杯角属（*Hoodia*）的萝藦　（沈轶 供）

嫁接后生长旺盛的高度肉质化的萝藦
（刘俊杰 供）

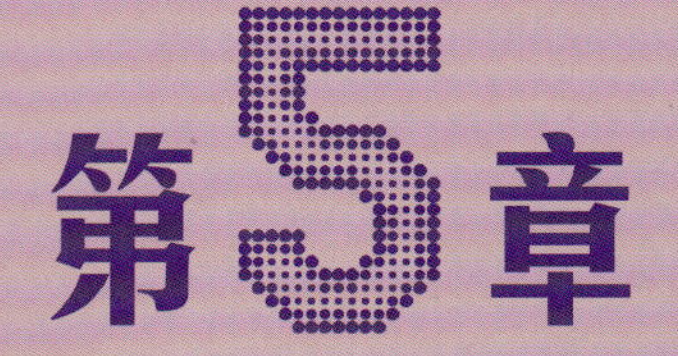

第5章 明星脸谱

——汇总图鉴

一、一鸣惊人的“肉荆棘”——枝条型萝藦

在生命进化过程中，枝条型萝藦科多肉植物的叶子逐渐退化，留下了棱柱状的肉质茎来储存养分以适应环境，这些茎的边缘多呈犀角状或软刺状，也比较容易分枝丛生。

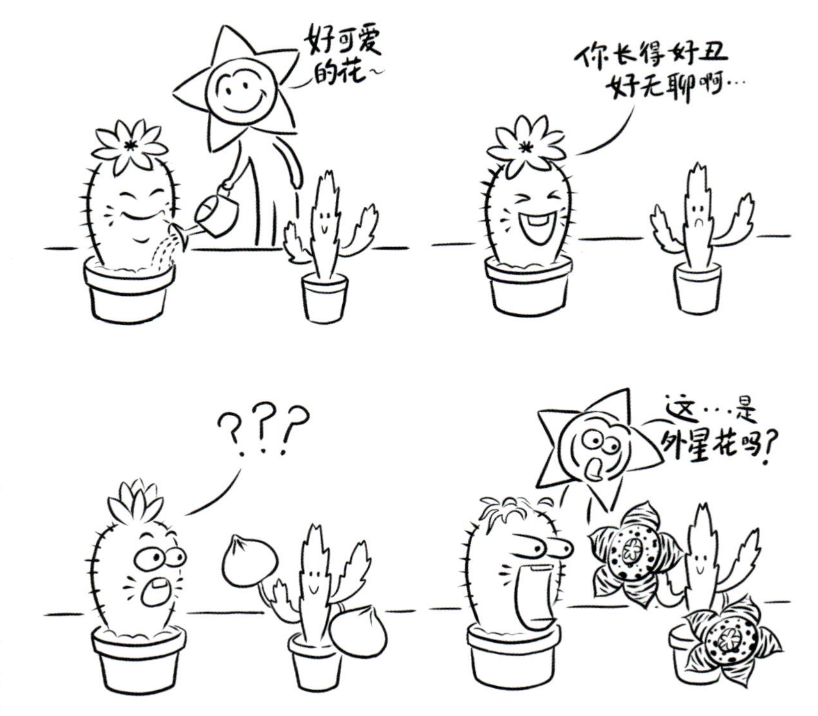

虽然乍一看很多不同种的枝条形状类似，但是通过仔细观察，还是可以根据枝条外貌上或多或少的差异来区分鉴别，例如：豹皮花属（*Orbea*）和玉牛角属（*Duvalia*）的一些种的茎干上会有一些花纹，丽杯角属（*Hoodia*）外形上像柱状仙人掌。

不同属的种在枝条上开花的位置也有所区别，例如：丽钟角属（*Tavaresia*）、剑龙角属（*Huernia*）的花大多喜欢着生于新茎基部，水牛角属（*Caralluma*）的大部分种则喜欢在茎干的顶端开花。绝大部分枝条型萝藦易在新生茎上出花。这些外貌并不起眼的“肉质荆棘”一旦开花便会一鸣惊人。

豹皮花（*Orbea variegata*），家庭栽培中最为常见的一种枝条型萝藦　　（余斌 供）

(Cok Grootscholten 供)

(Cok Grootscholten 供)

乌伞角属目前只有一个种，即乌伞角。

1. 乌伞角

学名：*Ballyanthus prognathus*

异名：*Orbea prognatha*

特征：紫褐色的花朵开放后花瓣会逐渐后翻，中部副花冠凸起，看上去像一把小伞。

曲冠角属目前只有一个种，即曲冠角。

2. 曲冠角

学名：*Baynesia lophophora*

特征：弯曲起伏的紫色花瓣向中间微微聚拢，花心黄色，花瓣内侧有很多细小的点状凸起。

(Cok Grootscholten 供)

水牛角属大多具有四棱的肉质茎，有些种的肉质茎较宽大，有的则较细长。植株一般高 10 ~ 20 厘米，有的可以高达 50 ~ 60 厘米，甚至超过 1 米，它们喜欢在茎顶端或近茎顶端开花，有些数朵簇生开成球状，有些则零星挂在茎顶端抽出的细花序轴上。

（Dong-ya Wu 供）

（Dong-ya Wu 供）

（Dong-ya Wu 供）

3. 流苏水牛角

学名：*Caralluma adscendens* var. *fimbriata*

特征：直立水牛角（*C. adscendens*）的变种，小巧的花朵，开放后花瓣前端向后纵向对折，花瓣边缘生有流苏状绒毛。

（Dong-ya Wu 供）

（Dong-ya Wu 供）

（Dong-ya Wu 供）

4. 蛛丝水牛角

学名：*Caralluma arachnoidea*

特征：棱角分明的肉质茎顶端会抽出细长的花序轴，花苞着生于花序轴之上，种加词“arachnoidea”意为“蛛丝状的，被蛛丝状毛的”，纤细如丝的花瓣别具一格。

（耿晓远 供）

罕见的紫色绒毛的亚种：紫绒水牛角（*Caralluma burchardii* subsp. *maura*）
（Marie Rzepecky 供）

（Bert Polling 供）

紫绒水牛角（*Caralluma burchardii* subsp. *maura*）
（Marie Rzepecky 供）

5. 霜姬水牛角

学名：*Caralluma burchardii*

特征：布满白色绒毛的花瓣像披上了一层白霜，配上黄灿灿的副花冠，醒目可爱。亦发现罕见的紫色绒毛的亚种：紫绒水牛角（*Caralluma burchardii* subsp. *maura*）。

（Gaetano Moschetti 供）

6. 鬼点水牛角

学名： *Caralluma cicatricosa*

异名： *Monolluma cicatricosa*

特征： 紫红色的小花，黄色的副花冠周围隐约有一圈花纹。“cicatricosa”的意思是“多疤痕的”，茎上生有许多点状的疤痕。

（Gaetano Moschetti 供）

（Gaetano Moschetti 供）

（刘育嘉 供）

（章奇 供）

7. 美花角

学名： *Caralluma crenulata*

异名： *Desmidorchis crenulata*

特征： 美花角俗称“虎皮蛋糕”，对比鲜明的美丽花纹像老虎皮上的纹路，数朵一起开放时美丽耀眼。

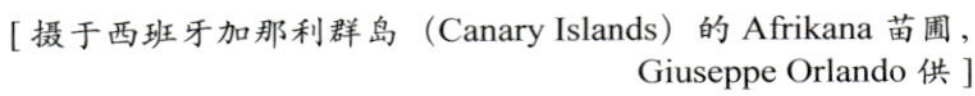

[摄于西班牙加那利群岛（Canary Islands）的 Afrikana 苗圃，Giuseppe Orlando 供]

（Cok Grootscholten 供）

（Cok Grootscholten 供）

8. 菜水牛角

学名：*Caralluma edulis*

异名：*Caudanthera edulis*、*Cryptolluma edulis*

特征：浅色花瓣的碗状小花。原生于印度、巴基斯坦一带，在非洲北部其茎作为蔬菜可以直接鲜食。

大多萝藦科植物和夹竹桃科一样，通常有毒且有乳白色汁液。但是在萝藦科多肉植物中有些特例，其中除了肉珊瑚属（*Sarcostemma*）和白前属（*Cynanchum*）有乳汁以外，其他并没有明显的乳白色汁液，虽没乳汁，也可能有毒，不要看着肉多就忍不住吃。当然这个科也有少数可以被人类食用的特例，笔者把目前了解到的大致总结一下：

火星人（*Fockea edulis*）、白皮萝藦（*Raphionacme velutina*）、地饼润肺草（*Brachystelma edule*）的肉质根，菜水牛角（*Caralluma edulis*）的肉质茎在原生地被用来食用。我国原生的夜来香（*Telosma cordata*）的花，翅果藤（*Myriopteron extensum*）、毛车藤（*Amalocalyx microlobus*）的果也可以作为果蔬食用。毛车藤果实吃的时候风俗是蘸上当地特制的蘸水（一种辣椒、花椒等香料加调味料配制而成的混合物），酸辣苦涩甜，吃一口仿佛尝尽人生百味。翅果藤（*Myriopteron extensum*）的果则多把果皮刮下来炒菜吃，别有一番风味，在云南一带才吃得到。虽然暂时还不知道吃它们有无明显的副作用，笔者还是不建议食用这个科的植物，不过有机会遇到的时候还是值得一试的，控制好量就可以。

翅果藤（*Myriopteron extensum*）的果实（杨晓洋 供）

毛车藤（*Amalocalyx microlobus*）的果实（杨晓洋 供）

（耿晓远 供）

（耿晓远 供）

（Claudio Cravero 供）

9. 欧洲水牛角

学名：*Caralluma europaea*

特征：较为常见，茎干的肉质刺尖端有一片极小的近似肉质叶片状的凸起，密布水纹状斑纹的小花易成团开放。

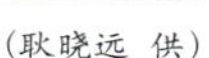

金黄色花的金簪水牛角（*Caralluma flava*） （Gaetano Moschetti 供）

金黄色花的金簪水牛角（*Caralluma flava*） （Gaetano Moschetti 供）

金黄色花的金簪水牛角（*Caralluma flava*） （Dennis de Kock 供）

Caralluma flava 的变种：玉簪水牛角（*Caralluma flava* var. *albiflora*） （陈志伟 供）

Caralluma flava 的变种：玉簪水牛角（*Caralluma flava* var. *albiflora*） （Gaetano Moschetti 供）

10. 金簪水牛角

学名：*Caralluma flava*

异名：*Crenulluma flava*，*Desmidorchis flavus*

特征：金簪水牛角的肉质茎边缘呈波浪状，顶端簇生的金黄色的花朵好似美丽的花簪。它的变种——玉簪水牛角（*Caralluma flava* var. *albiflora*）的花色为接近白色的淡黄色。

玉簪水牛角现接受名为 *Desmidorchis tardellii*，被分到了球花角属，名为玉簪球花角，在后面的球花角属部分也会提到。

11. 唐人棒

学名：*Caralluma foetida*

异名：*Desmidorchis foetida*

特征：唐人棒别名唐人柱，较为常见。白绿色的茎干别具一格，茎干顶端盛开的花朵簇生成团状，奇异有趣。

(Dong-ya Wu 供)

（黄玄定 供）

(Gaetano Moschetti 供)

（黄玄定 供）

12. 翠刃角

学名：*Caralluma furta*

异名：*Saurolluma furta*

特征：较罕见奇特，小巧的花朵，花瓣前端为浅绿色。

［摄于西班牙加那利群岛（Canary Islands）的 Afrikana 苗圃，Giuseppe Orlando 供］

（刘育嘉 供）

（Dong-ya Wu 供）

（Dong-ya Wu 供）

（刘育嘉 供）

（Dong-ya Wu 供）

13. 六道水牛角

学名： *Caralluma hexagona*

异名： *Caralluma shadhbana* ， *Sulcolluma hexagona*

特征： 结构精巧的副花冠看上去颇具宗教感，花瓣尖端的绒毛和花色变化丰富，该种拉丁种加词的意思为“具六角的，六棱的”，因为其茎干的棱会出现 4 ～ 6 棱的数量变化。有的资料中把六道水牛角更加细化，按照不同的花色及花形，各自起了新的名字并放到钩蕊花属（*Sulcolluma*）。

（Cok Grootscholten 供）

（Gaetano Moschetti 供）

14. 紫毛水牛角

学名： *Caralluma lavranii*

异名： *Crenulluma lavranii*，*Desmidorchis lavranii*

特征： 副花冠及花瓣尖端生有紫色绒毛。种加词“lavranii”是为了纪念 20 世纪希腊植物学家、多肉植物收藏家 John J. Lavranos 。

[Giuseppe Orlando 供，拍摄于索马里（Somalia）靠近埃里加博（Erigavo）的地区]

15. 念珠水牛角

学名：*Caralluma moniliformis*

异名：*Spathulopetalum moniliforme*

特征：开花时会从茎干顶端抽出节状的花序轴，不起眼的小花着生在节之间，细花瓣生有小绒毛。种加词"moniliformis"中"formis"的意思是"形状，样貌"，"monili"这个字根意为"念珠"，用以表明花序轴上念珠状的节，故得名念珠水牛角。

（Cok Grootscholten 供）

16. 画笔水牛角

学名：*Caralluma penicillata*

异名：*Desmidorchis penicillata*

特征：黄绿色的小花簇生于茎干顶端，花瓣尖端有深色绒毛。种加词"penicillata"意思是"画笔状的"，顶着一团带有绒毛的小花使它看上去像画笔。

（Gaetano Moschetti　供）

（Gaetano Moschetti　供）

17. 四方水牛角

学名：*Caralluma quadrangula*

异名：*Desmidorchis quadrangula*，*Boucerosia quadrangula*

特征：生有四方柱状的茎干，“quadrangula”意思是“四棱角的”。黄灿灿的小花，微卷的花瓣爪状伸展。

（Gaetano Moschetti　供）

（Gaetano Moschetti　供）

18. 巨棱阁

学名：*Caralluma retrospiciens*

异名：*Caralluma acutangula*，*Caralluma russelliana*

特征：茎干生有较粗壮宽大的四棱，开花团状，花紫黑色。

（叶纮窝 供）

（叶纮窝 供）

19. 珊瑚萝藦

学名：*Caralluma socotrana*

异名：*Monolluma socotrana* ，*Sanguilluma socotrana*

特征：茎干形似海底珊瑚，顶端开出红艳艳的丝绒质感的花朵。在园艺流通过程中，这种茎干形态别致的萝藦受到了广大萝藦爱好者的喜爱。

（Mike Haney 供）

（Mike Haney 供）

花冠剖面 （Mike Haney 供）

20. 玉杯水牛角

学名：*Caralluma solenophora*

异名：*Cylindrilluma solenophora*

特征：奇特的杯筒状花，是它区别于该属其他种的最大特点。

21. 美丽水牛角

学名：*Caralluma speciosa*

特征：茎干形态和唐人棒（*C.foetida*）较相像，“speciosa”的意思是“美丽的”，开花多时亦成团状，黄紫相间的花朵颜色美丽。

（黄玄定 供）

（Dong-ya Wu 供）

（游贵程 供）

22. 木骨龙

学名：*Caralluma stalagmifera*

特征：细长的枝条会开出很多小巧的花朵，花色多变，大红色、深紫色或黄色。

（Dong-ya Wu 供）

水牛角属（*Caralluma*）和木骨龙（*C. stalagmifera*）的枝条和花类似的植物还有很多：

（照片由 Arjun Agrawal 采集自印度南部）

(Gaetano Moschetti 供)

(耿晓远 供)

(耿晓远 供)

23. 鱼竿水牛角

学名：*Caralluma turneri*

特征：开花时茎干顶端抽出细梗，像一支挂有鱼饵的钓竿。花朵小巧奇异，花瓣密布深紫色和白色相间的斑纹。

(Eanne Lee 供)

(Eanne Lee 供)

(Eanne Lee 供)

24. 绒伞水牛角

学名：*Caralluma umbellata*

特征：顶端开花，伞状花序，花朵表面呈丝绒质感，不同个体的花色及花形会略有变化。

水牛角属拓展部分：

卧枝水牛角（*Caralluma procumbens*）

（Dennis de Kock 供）

少花水牛角（*Caralluma pauciflora*）（Arjun Agrawal 供）

舌瓣水牛角（*Caralluma plicatiloba*）（Papaschon Chamwong 供）

鬼骨水牛角（*Caralluma priogonium*）（Gaetano Moschetti 供）

吊笼水牛角（*Caralluma peckii*）（Weijen Ang 供）

印度水牛角（*Caralluma indica*）

（Arjun Agrawal 供）

吊坠水牛角（*Caralluma dicapuae*），拍摄于埃塞俄比亚的德雷达瓦（Dire Dawa）　　（Gaetano Moschetti 供）

鬼骨水牛角（*Caralluma priogonium*），拍摄于肯尼亚的马里加特（Marigat）　　（Gaetano Moschetti 供）

亚丁水牛角（*Caralluma adenensis*）　(Gaetano Moschetti 供)

亚丁水牛角（*Caralluma adenensis*）　(Gaetano Moschetti 供)

亚丁水牛角（*Caralluma adenensis*），拍摄于西亚阿曼的佐法尔（Dhofar）　(Gaetano Moschetti 供)

鳞珠水牛角（*Caralluma edithiae*）　　(Gaetano Moschetti 供)

丛生的鳞珠水牛角（*Caralluma edithiae*），拍摄于非洲东北部的埃塞俄比亚的德雷达瓦（Dire Dawa）北部　　(Gaetano Moschetti 供)

野生的画笔水牛角（*Caralluma penicillata*）　（Gaetano Moschetti 供）

山石间丛生的画笔水牛角（*Caralluma penicillata*），拍摄于非洲东北部埃塞俄比亚的德雷达瓦（Dire Dawa）　（Gaetano Moschetti 供）

唐人棒（*Caralluma foetida*）的原生境，拍摄于非洲东部肯尼亚的马里加特（Marigat）（Gaetano Moschetti 供）

唐人棒（*Caralluma foetida*），拍摄于非洲东部肯尼亚的马里加特（Marigat）（Gaetano Moschetti 供）

美丽水牛角（*Caralluma speciosa*）的原生境，拍摄于非洲东北部埃塞俄比亚的哈勒尔（Harar）（Gaetano Moschetti 供）

美丽水牛角（*Caralluma speciosa*）的花朵，拍摄于埃塞俄比亚的阿尔巴门奇（Arba Minch）（Gaetano Moschetti 供）

巨棱阁（*Caralluma retrospiciens*），拍摄于肯尼亚的马里加特（Marigat）（Gaetano Moschetti 供）

巨棱阁（*Caralluma retrospiciens*），拍摄于埃塞俄比亚的维图族（Weyto）（Gaetano Moschetti 供）

珊瑚萝藦（*Caralluma socotrana*），拍摄于肯尼亚的马里加特（Marigat）（Gaetano Moschetti 供）

珊瑚萝藦（*Caralluma socotrana*），拍摄于肯尼亚的马里加特（Marigat）（Gaetano Moschetti 供）

结出果荚的四方水牛角（*Caralluma quadrangula*），拍摄于阿曼的佐法尔（Dhofar） （Marie Rzepecky 供）

四方水牛角（*Caralluma quadrangula*），拍摄于也门，从萨那（Sana'a）到哈杰（Hajja）的路上 （Gaetano Moschetti 供）

白前属又称鹅绒藤属、牛皮消属。白前属中的多肉植物大多没有叶子，茎干较细长，花朵小巧精致。

白前属
Cynanchum

（刘育嘉 供）

25. 光棍白前

学名：*Cynanchum aphyllum*

特征："aphyllum"的意思是"无叶的"，茎干较光滑，开出素雅的小花。

（Rafael Cruz García 供）

（Rafael Cruz García 供）

26. 红脉白前

学名：*Cynanchum insigne*

异名：*Sarcostemma insigne*

特征：枝条细长，花瓣上的脉纹酷似红色的血管，奇特美丽。

27. 烛台白前

学名：*Cynanchum marnierianum*

特征：烛台白前相对常见，枝条形似枯树枝，表面有不规则疣状突起，直径约 5 毫米。花黄绿色，花瓣纤细，初开时顶端连接成环状，之后会打开，中心的副花冠形似白色的小蜡烛，故取名为烛台白前。

（佘斌 供）

（Cok Crootscholten 供）

（黄玄定 供）

28. 骨节白前

学名：*Cynanchum perrieri*

特征：花瓣中间有明显凹槽，两边向外翻卷，隆起状。枝条偏扁，分节处形似骨节。

（Weijen Ang 供）

（Evelyn Durst 供）

29. 方枝白前

学名：*Cynanchum rossii*

特征：方柱状的枝条，不起眼的小花，带有光泽的花瓣向后翻卷。

球花角属和水牛角属（*Caralluma*）的亲缘关系比较近，因此也有一些水牛角属的植物被植物学家划分到球花角属。球花角属植物的主要特征是花较多且聚合在一起，花序呈球状。

球花角属
Desmidorchis

30. 球花角

学名：*Desmidorchis impostor*

特征：该种于 2010 年正式发表，密集的紫黑色小花形成一个花球。

（Dennis de Kock 供）

拍摄于阿曼，巴提奈（Batinah）南部的古卜阿拉什盆地（Ghubrah bowl）（Marie Rzepecky 供）

（Papaschon Chamwong 供）

31. 玉簪球花角

学名：*Desmidorchis tardellii*

异名：*Caralluma flava* var. *albiflora*

特征：该种为金簪水牛角（*C. flava*）的变种，花色为接近白色的淡黄色，现被分到了球花角属，名为玉簪球花角。

玉牛角属植株较矮小，易分枝成群生长。不同种间虽然花形、花色及花的大小有差异性，但是副花冠的样子很相似，花冠中间有一块或大或小的近圆形平台，上面生有五个齿状凸起的副花冠，精巧有趣。

玉牛角属
Duvalia

（Luiza Ferreira 供）

（Wesley Chin 供）

（Mike Haney 供）

32. 细瓣水牛角

学名：*Duvalia angustiloba*

特征：拥有该属中最为尖细的花瓣，副花冠也因此显得更加突出。

（余斌 供）

（余斌 供）

33. 飞镖玉牛角

学名：*Duvalia caespitosa*

特征：褐色小花，花瓣从中对折后翻，显得细而尖，花形酷似忍者的飞镖。

（耿晓远 供）

（Luiza Ferreira 供）

34. 磨盘玉牛角

学名：*Duvalia corderoyi*

特征：该种的种加词“corderoyi”是为了纪念20世纪英国一位酷爱种植多肉植物的磨坊主Corderoy。磨盘玉牛角又称磨盘角，拟此名也是为了纪念这位种植多肉植物的磨坊主，恰巧其花冠的层层结构像磨盘，副花冠周围的细小斑纹好似磨盘上的谷物。

35. 玉牛角

学名：*Duvalia elegans*

特征：该属较常见的种，凸起的副花冠加上布满绒毛的紫褐色花瓣，看上去像一只露出牙齿的小蝙蝠。

（Dennis de Kock 供）

（Bert Polling 供）

36. 斑点玉牛角

学名：*Duvalia maculata*

特征：副花冠周围显眼的结构和斑点极具特色。

窝玉牛角（*Duvalia immaculata*）的花与斑点玉牛角（*D. maculata*）的花形很像，但是没有斑点，之前亦有变种名：*Duvalia maculata* var. *immaculata*

（Luiza Ferreira 供）

（Luiza Ferreira 供）

（Dennis de Kock 供）

37. 婉玉牛角

学名：*Duvalia modesta*

特征：花冠外形和飞镖玉牛角（*D.caespitosa*）较相像，比飞镖玉牛角的花要小一些，看上去更柔弱，亦有浅色花色。

（李康 供）

（李康 供）

（Claudio Cravero　供）

（Claudio Cravero 供）

38. 白姬玉牛角

学名：*Duvalia parviflora*

特征：肉质茎近似卵形，花较小，乳白色的清秀花色使它在该属中较易分辨。

（Bert Polling 供）

（Mike Haney 供）

39. 白泉玉牛角

学名：*Duvalia pillansii*

特征：副花冠周围的白色圆晕犹如一个泉眼，和紫色花瓣对比鲜明，让人眼前一亮。

（Bert Polling 供）

40. 耀玉牛角

学名：*Duvalia polita*

特征：较宽的花瓣上闪耀着一层动人的光泽，不同个体花的颜色及花瓣上的花纹有一定的差异性。

［摄于西班牙加那利群岛（Canary Islands）的 Afrikana 苗圃，Giuseppe Orlando 供］

41. 索马里玉牛角

学名：*Duvalia somalensis*

特征：花瓣上生有黄色和紫褐色相间的花斑。

（Bert Polling 供）

42. 秃玉牛角

学名：*Duvalia sulcata* subsp. *seminuda*

特征：为长毛玉牛角（*D.sulcata*）的亚种，和长毛玉牛角的花比较相像，最明显的不同之处是秃玉牛角的副花冠周围没有毛。

（Rafael Cruz García 供）

（余斌 供）

43. 长毛玉牛角

学名：*Duvalia sulcata*

特征：俗称"苏卡达"（音译），花瓣上生有沟状的纹路，与副花冠周围的长毛搭配，别致有趣。

（Mike Haney 供）

（Cok Grootscholten 供）

44. 短绒玉牛角

学名：*Duvalia velutina*

特征：越靠近副花冠，纵纹越密集，花瓣上还生有微小的绒毛。

玉牛角属拓展部分：

轮盘玉牛角（*Duvalia eilensis*），该属中极其罕见的一种，花冠形如轮盘，奇特有趣　（John Trager 供）

钝牛角属
Duvaliandra

钝牛角属目前只有一个种，即钝牛角。

(Dennis de Kock 供)

45. 钝牛角

学名：*Duvaliandra dioscoridis*

特征：茎干上的肉质刺较钝，浅棕色的花瓣表面生有深色细小绒毛，种加词“dioscoridis”是为了纪念公元一世纪的药用植物学家 Pedanios Dioscorides。

生于石缝中的钝牛角（*Duvaliandra dioscoridis*），拍摄于索科特拉岛（Socotra）

(Gaetano Moschetti 供)

青龙角属 *Echidnopsis*

青龙角属，别称苦瓜掌属，该属植物多棱的肉质茎粗1 ~ 2厘米，茎上生有一格一格的凹痕，乍一看茎干的质感很像苦瓜的表皮。花小，该属有些种的花朵外形看上去让人不敢相信是植物的花，更像是一个果实，奇异有趣。

（Mike Haney 供）

（Mike Haney 供）

46. 秀钟青龙角

学名：*Echidnopsis archeri*

特征：小钟状的花朵，造型秀气可爱。

（Mike Haney 供）

（Dennis de Kock 供）

47. 紫壶青龙角

学名：*Echidnopsis ballyi*

特征：茎干表面生有齿状的肉质刺。紫红色花壶状，形状奇特且小巧，容易被误认成果实。

较常见的花色是红褐色的青龙角　（葛灏　供）

较常见的花色是红褐色的青龙角　（余斌　供）

开黄花的青龙角　（余斌　供）

开黄花的青龙角　（葛灏　供）

48. 青龙角

学名：*Echidnopsis cereiformis*

异名：*Echidnopsis nubica*，*Echidnopsis tessellata*

特征：该属中极具代表性的常见种，花朵小巧可爱，花色常见红褐色和黄色。

（Dong-ya Wu 供）

（Dong-ya Wu 供）

49. 金花青龙角

学名：*Echidnopsis chrysantha*

特征：黄灿灿的小花，茎干表面密布灰白色枯刺，平行排列。

（耿晓远 供）

50. 欧石楠青龙角

学名：*Echidnopsis ericiflora*

特征：种加词“ericiflora”的意思是形容它的花外形很像杜鹃花科欧石楠属植物的花，小巧的紫红色花，迷你可爱。

51. 冬枣青龙角

学名：*Echidnopsis fartaqensis*

特征：小巧的花冠无论颜色和形状都与冬枣极为相像，奇异有趣，很难想象这是它的花朵。

52. 海岛青龙角

学名：*Echidnopsis insularis*

特征：米黄色花，小巧奇特。

（Papaschon Chamwong 供）

（罗罗 供）

（罗罗 供）

（Dong-ya Wu 供）

切开的苹果萝藦花冠

（Dong-ya Wu 供）

（罗罗 供）

53. 苹果萝藦

学名：*Echidnopsis malum*

特征：茎干相对柔弱，生有5～6条棱，匍匐生长，花冠形似苹果，中空，常见花色偏淡红色或淡黄色。“malum”意为“邪恶的，坏的”，苹果在西方圣经中是邪恶禁果。所以花友们俗称它为苹果萝藦。

（Dennis de Kock 供）

（Dennis de Kock 供）

54. 白妖青龙角

学名：*Echidnopsis mijerteina*

特征：该属中极其罕见的一种，较长的白色花冠有或大或小的弯度，看上去妖异古怪。

（Mike Haney 供）

（Mike Haney 供）

55. 夏普青龙角

学名：*Echidnopsis sharpei*

特征：红色的小花迷你可爱，种加词 “ sharpei ” 是为了纪念 20 世纪的时候一位青龙角属的收藏家 H. B. Sharpe 。

（Dong-ya Wu 供）

56. 子弹青龙角

学名：*Echidnopsis squamulata*

特征：子弹青龙角的花形似子弹，也因其花形似水果莲雾的改良品种——子弹形莲雾，被萝藦爱好者们俗称为“子弹莲雾”。

（Wesley Chin 供）

（Bert Polling 供）

57. 金钩青龙角

学名：*Echidnopsis watsonii*

特征：花冠前端的细花瓣张开，花开后黄色的花瓣向下弯曲成钩状，故得名金钩青龙角。

青龙角属拓展部分：

匍匐青龙角（*Echidnopsis repens*）　（Papaschon Chamwong 供）

辐射青龙角（*Echidnopsis radians*）

宝壶青龙角（*Echidnopsis urceolata*）　（Iztok Mulej 供）

盆地青龙角（*Echidnopsis bihendulensis*）（Papaschon Chamwong 供）

盆地青龙角（*Echidnopsis bihendulensis*）植株全貌
（Papaschon Chamwong 供）

达曼青龙角（*Echidnopsis dammanniana*） （Dennis de Kock 供）

达曼青龙角（*Echidnopsis dammanniana*），埃塞俄比亚的阿瓦什低谷（Awash） （Gaetano Moschetti 供）

生长于岩石孔洞中的索科特拉青龙角（*Echidnopsis socotrana*），拍摄于索科特拉岛（Socotra） （Gaetano Moschetti 供）

山地青龙角（*Echidnopsis montana*），拍摄于埃塞俄比亚的兰加诺湖地区（Lake Langano） （Gaetano Moschetti 供）

平花青龙角（*Echidnopsis planiflora*），拍摄于埃塞俄比亚的德雷达瓦（Dire Dawa） （Gaetano Moschetti 供）

58. 巨龙角

学名：*Edithcolea grandis*

特征：巨龙角的茎干上生有凸起的肉刺，肉刺的末端硬化且扎手。花上的斑纹及颜色有或大或小的丰富差异性，花朵直径亦有差别。由于花大色艳，花冠平铺展开，花瓣上的斑纹与伊朗著名的毛纺织品波斯地毯的纹样风格极为相像，所以俗称波斯地毯。因其花朵较大且花纹美丽，所以备受萝藦爱好者们的追捧。

巨龙角属目前只有一个种，即巨龙角。

巨龙角属拓展部分：

（余斌 供）

（Gaetano Moschetti 供）

（Papaschon Chamwong 供）

拿铁巨龙角（*Edithcolea grandis* 'Latte'）（Papaschon Chamwong 供）

巨龙角的变种：白纹巨龙角（*Edithcolea grandis* var. *baylissiana*）（Bert Polling 供）

巨龙角（*Edithcolea grandis*），拍摄于埃塞俄比亚的吐米（Turmi） （Gaetano Moschetti 供）

生长在灌木丛中的巨龙角（*Edithcolea grandis*），拍摄于埃塞俄比亚的吐米（Turmi） （Gaetano Moschetti 供）

59. 叶牛角

学名：*Frerea indica*

异名：*Caralluma frerei*

特征：细长的肉质茎上生有明显叶片，使它看上去与众不同，花朵表面具丝绒质感，深红色的花瓣上点缀水纹状黄色花纹，醒目美观。不同个体花瓣上的花纹会有或大或小的差异，有的甚至全红无花纹。由于叶牛角发现于印度西北部，所以它也被俗称为“印度水牛角”，真正的印度水牛角（*Caralluma indica*）（见 54 页右下角）则来自水牛角属（*Caralluma*）。园艺流通有一种常见的杂交种：叶牛角（*Frerea indica*）× 欧洲水牛角（*Caralluma europaea*）。

叶牛角属目前只有一个种，即叶牛角。

（Rafael Cruz García 供）

叶牛角（*Frerea indica*）× 欧洲水牛角（*Caralluma europaea*）

（Rafael Cruz García 供）

叶牛角（*Frerea indica*）× 欧洲水牛角（*Caralluma europaea*）

（Rafael Cruz García 供）

（杨晓洋 供）

丽杯角属又称胡蒂亚属（音译），原生于非洲的纳米比亚和安哥拉等地，该属大多种茎干相对粗壮高大，生有高达数十厘米的圆柱形肉质茎，乍一看很像柱状仙人掌，有的种可达约一人高。丽杯阁又称丽杯角，茎干表面依种的不同分布有规则或不规则的棱和长短不一的硬刺，不同种间花朵样貌、颜色及大小差异性较大。其成分具有药用价值，应用于减肥药品的制作。

丽杯角属
Hoodia

60. 丽杯阁

学名：*Hoodia gordonii*

特征：该属中较为常见的一种，开出较大的肉粉色或红色花朵。

（余斌 供）

丽杯角属拓展部分：

金星丽杯阁（*Hoodia alstonii*）
（Evgeny Dyagilev 和 Yuri Ovchinnikov 供）

红花丽杯阁（*Hoodia currorii*）
（Cok Grootscholten 供）

翠黄丽杯阁（*Hoodia flava*）
（Cok Grootscholten 供）

晚霞丽杯阁（*Hoodia juttae*）
（Cok Grootscholten 供）

环花丽杯阁（*Hoodia pilifera* subsp. *annulata*）
（Martin Heigan 供）

摩耶夫人（*Hoodia pilifera*），异名：*Trichocaulon piliferum*
（Martin Heigan 供）

长柄丽杯阁（*Hoodia mossamedensis*）
[Giuseppe Orlando 供，来源于 Giuseppe Orlando 位于西班牙加那利群岛（Canary Islands）的 Afrikana 苗圃]

小花丽杯阁（*Hoodia parviflora*）
（Gaetano Moschetti 供）

卧蚕丽杯阁（*Hoodia pedicellata*）　　（Giuseppe Orlando 供）

丽杯阁（*Hoodia gordonii*），拍摄于南非北开普省（Northern Cape）的维奥尔斯德里福（Vioolsdrif）　　（Martin Heigan 供）

金星丽杯阁（*Hoodia alstonii*），由 Yuri Ovchinnikov 拍摄于非洲西南部的纳马夸兰（Namaqualand）　（Evgeny Dyagilev 和 Yuri Ovchinnikov 供）

剑龙角属植株有的高约 15 厘米，也有较小的植株只有 5 厘米左右，种间植株外观和花的形态差异较大，花朵直径为 2 ～ 5 厘米，花苞多着生于茎底部。

剑龙角属 *Huernia*

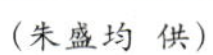

（朱盛均 供）

61. 皱翼剑龙角

学名： *Huernia andreaeana*

特征： 不规则皱起的花瓣略带光泽并生有些许微小的肉刺状凸起。

62. 黑沙剑龙角

学名： *Huernia aspera*

特征： 枝条细长，花冠内壁布满细小如沙的凸起，紫黑色的花朵在强光下观察则呈现暗紫红色。在园艺流通中会出现不同个体，花和植株的外貌有丰富的变化。

（耿晓远 供）

63. 红须剑龙角

学名：*Huernia barbata*

特征：“barbata”的意思是“须”，形容花心处的须状毛，接近花心处的红色毛须逐渐增长和密集是该种的显著特点。

（余斌 供）

（余斌 供）

64. 峡谷剑龙角

学名：*Huernia blyderiverensis*

特征：花冠呈黄白色，副花冠周围有少许斑纹，花朵清新可爱。

该种最初发表于1975年，当时了解到它的分布仅局限在布莱德河（Blyde River）流域，故以布莱德河的名字拉丁化给这种植物赋予拉丁学名（blyderiverensis），中文名即遵循作者本意，用出名的布莱德河峡谷命名，简写成峡谷剑龙角。后来随着人类对自然的不断探索，逐渐在其他地区也发现其分布，就有一些学者提出它可能是*H.quinta*的一个变种，笔者观察这两者在花的形态结构上还是有几处不同的，建议把该种暂时作为独立种处理，期待更多分子生物学方面的论证依据不断出现。

（季斌、贡琛 供）

短喙剑龙角的深色型，可能是一个变种或者亚种（Bert Polling 供）

65. 短喙剑龙角

学名：*Huernia brevirostris*

特征：黄色的花瓣上密布较均匀的细小斑点。在园艺流通中亦有别名为蛾角。

（Obety José Baptista 供）

（Obety José Baptista 供）

（Obety José Baptista 供）

66. 魔窟剑龙角

学名：*Huernia erectiloba*

特征：花心处的孔洞状结构明显，像一个洞窟，配以醒目的斑纹，给人以奇异魔幻之感，花形、花色及斑纹有一定的差异。

（余斌 供）

（Dennis de Kock 供）

（余斌 供）

67. 油点剑龙角

学名：*Huernia guttata*

特征：整朵花密布不规则的斑点，副花冠周围凸起呈圆环状，常见斑点颜色有红色和褐色两种。

68. 阿丽剑龙角

学名：*Huernia hallii*

特征：素雅的浅色花瓣密布细小斑点，不同个体的花纹有差异。

（Olovea Kia Ora 供）

（余斌 供）

69. 月儿剑龙角

学名：*Huernia hislopii*

特征：相对常见，米白色的花冠布满深红色斑点。

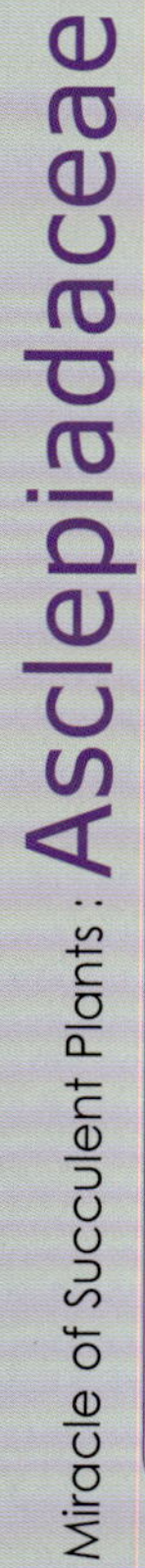

（余斌 供）

（余斌 供）

（余斌 供）

70. 满月剑龙角

学名： *Huernia hislopii* subsp. *robusta*

特征： 为月儿剑龙角（*H. hislopii*）的亚种，枝条较粗壮，花比月儿剑龙角更饱满。

（张世先 供）

（张世先 供）

71. 侏儒剑龙角

学名： *Huernia humilis*

特征： "humilis"的意思是"矮小的"，表示该种的茎干较矮小，花朵中部有红色环状凸起，花瓣上密布细小斑点。

（耿晓远 供）

（李玉娇 供）

（耿晓远 供）

刺猬剑龙角（*Huernia hystrix* subsp. *parvula*）
（余斌 供）

72. 豪猪剑龙角

学名：*Huernia hystrix*

特征："hystrix"的意思是"豪猪"，表示该种花瓣上明显的棘刺状凸起使它的花看上去像多刺的豪猪。在园艺流通过程中，该种中一些茎或花有着小差异的类型流传着"点美阁""琉雅玉"等容易混淆且片面的名字，现统一规范中文名为豪猪剑龙角。豪猪剑龙角的花差异性丰富，花色、花形和花的大小都会有所变化，其中有一个亚种为刺猬剑龙角（*Huernia hystrix* subsp. *parvula*），其花瓣偏淡黄色，外轮副花冠为深色。

(Dong-ya Wu 供)

(Dong-ya Wu 供)

73. 肯尼亚剑龙角

学名：*Huernia keniensis*

特征：红色的花瓣生有细小肉刺，花瓣后翻呈现出圆圈状。不同个体间的花形及植株形态变化丰富。

（叶纮甯 供）

（沈轶 供）

（叶纮甯 供）

74. 纹武士剑龙角

学名：*Huernia kennedyana*

特征：近卵形的肉质茎上生有格状凹纹，很像古代身穿铠甲的大肚子日本武士。花瓣上有较长的刺状凸起，斑纹颜色黄褐相间，对比强烈，鲜明醒目。

（Rafael Cruz García 供）

75. 无毛剑龙角

学名：*Huernia laevis*

特征："laevis" 意为"平滑的，无毛的"，指本种的花光滑无毛。花上有形状不规则的奇特斑纹，对比强烈，给人以奇幻滑稽之感。

（Obety José Baptista 供）

（Obety José Baptista 供）

76. 细纹剑龙角

学名：*Huernia leachii*

特征：茎干较细长，花冠生有褐色和淡黄色相间的细花纹。

（刘育嘉 供）

（余斌 供）

（耿晓远 供）

77. 剑龙角

学名：*Huernia macrocarpa*

特征：家庭栽培极为常见，红艳的杯状小花数朵同开，惹人喜爱。常有粉色及粉红和白色相间的花色出现。

（Olovea Kia Ora 供）

（耿晓远 供）

78. 素罗剑龙角

学名：*Huernia mccoyi*

特征：素雅的花朵小巧可爱，有着细碎斑纹的花好似编织的罗网。

79. 波点剑龙角

学名：*Huernia occulta*

特征：花朵开放后花瓣展平，花瓣上密布波点花纹。

（Olovea Kia Ora 供）

（Mike Haney 供）

（Bert Polling 供）

80. 眼斑剑龙角

学名：*Huernia oculata*

特征："oculata"的意思是"具眼状斑的"，副花冠周围的圆形白色区域被深紫色衬托，使整个花看上去像一个醒目靓丽的大眼睛。亦有中心白色变少、副花冠周围红色增多的花色变化。

81. 红唇剑龙角

学名：*Huernia insigniflora*

异名：*Huernia zebrina* subsp. *insigniflora*

特征：副花冠周围的红色圆环状凸起在淡黄色花瓣的映衬下格外醒目，犹如红唇。“圆环”的色彩会出现深浅甚至花纹的变化。

（李玉娇 供）

（余斌 供）

（章奇 供）

（余斌 供）

82. 垂悬龙角

学名：*Huernia pendula*

特征：“pendula”的意思是“垂悬的，下垂的”，该种的茎干细长，质感较圆润，棱角不分明，生长变长后易垂悬，小花呈杯状。

（耿晓远 供）

（余斌 供）

平行排列的棱 （叶纮寓 供）

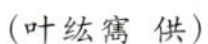

平行排列的棱 （叶纮寓 供）

交错排列的棱 （叶纮寓 供）

83. 阿修罗

学名：*Huernia pillansii*

特征：相对常见，茎干上密布细长的绒毛状肉刺，看上去毛茸茸甚是可爱。表皮棱的排列有平行排列和交错排列两种类型。花瓣密布肉刺状凸起，常见花色有偏红和偏黄两种颜色。

交错排列的棱 （叶纮寓 供）

（耿晓远 供）

（Attila Dénes 供）

（Mike Haney 供）

84. 花斑剑龙角

学名：*Huernia plowesii*

特征：花朵中部有圆环状凸起，花瓣上不规则的红色花斑与米黄色相搭配，奇异夺目。

（Mike Haney 供）

85. 奇异剑龙角

学名：*Huernia praestans*

特征：副花冠周围微微隆起，淡黄色的花瓣上密布很细小的斑点，越靠近花心处斑点越密集，且逐渐变成细小的凸起结构。

86. 卧龙角

学名：*Huernia procumbens*

特征：种加词“procumbens”意为“平卧”，该种的茎干在生长中易平卧于地面。花朵中部红色圆环状凸起在米黄色花瓣的围衬下显得更加耀眼夺目。

（耿晓远 供）

（Wesley Chin 供）

87. 网纹剑龙角

学名：*Huernia reticulata*

异名：*Huernia guttata* subsp. *reticulata*

特征：种加词“reticulata”意为“网状的”，指花瓣上淡黄色的网状斑纹，紧密的花纹使它看上去绚丽别致。

（Bert Polling 供）

（Attila Dénes 供）

（Attila Dénes 供）

88. 玫瑰剑龙角

学名：*Huernia rosea*

特征：“rosea ” 的意思是“玫瑰”，开出如玫瑰般娇艳的杯形小花，花色常见偏红和偏黄。

（Weijen Ang 供）

（Weijen Ang 供）

（Weijen Ang 供）

89. 红莓剑龙角

学名：*Huernia rubra*

特征：紫红色的花瓣衬托出中间浅色的副花冠，花开后花瓣易后翻，使花看上去近似球状，像一颗红色的莓子。

(Cok Grootscholten 供)

(Cok Grootscholten 供)

90. 沙特阿拉伯剑龙角

学名： *Huernia saudi-arabica*

特征： 正如它的拉丁文学名所表达的，该种发现于沙特阿拉伯（Saudi Arabia），不同个体花色差异可以很大，花冠颜色偏白或夹杂着面积及深浅不等的红色。

91. 朱砂剑龙角

学名：*Huernia schneideriana*

特征：较常见，在平时家庭栽培中亦俗称为“龙角”，朱砂剑龙角的花大致接近两种类型，有的花心处圆形凹陷与周围花瓣过渡柔和，有的则与周围花瓣分界较明显。园艺流通中有时将分界明显的类型称为 *Huernia* aff. *schneideriana*，意思是这个种和朱砂剑龙角很像，但又不完全一样，还有可能是新种。该类型的茎上网格状棱棘更加紧凑和明显，它在流通中也流传着一个名字——“青鬼角”。在这里笔者暂时将其作为一个种来介绍。

（余斌 供）

（刘育嘉 供）

（Dong-ya Wu 供）

（余斌 供）

（李康 供）

（李康 供）

92. 索马里剑龙角

学名：*Huernia somalica*

特征：花初开时，花冠展平，能看到五边形的棕红色图案。

93. 红晕剑龙角

学名：*Huernia tanganyikensis*

特征：花冠中部的红晕向周围扩散开来。

（Giuseppe Orlando 供）

（Bert Polling 供）

（Luiza Ferreira 供）

94. 素颜剑龙角

学名：*Huernia thudichumii*

特征：淡黄色花冠中部有环状隆起，色彩素净，无花纹。

金星剑龙角（*Huernia thuretii* var. *primulina*）
（Iztok Mulej 供）

金星剑龙角（*Huernia thuretii* var. *primulina*）
（Claudio Cravero 供）

95. 波纹剑龙角

学名：*Huernia thuretii*

特征：淡黄色的花冠上密布水波纹状褐色纹路，花色和花纹会出现丰富的差异。有一种花上无纹的类型受到园艺爱好者们的关注，在园艺流通中有时单给它冠以变种名——金星剑龙角（*Huernia thuretii* var. *primulina*）。

（Bert Polling 供）

96. 圆钵剑龙角

学名：*Huernia urceolata*

特征：圆钵形状的花冠，奇特可爱。

（Dong-ya Wu 供）

（Dong-ya Wu 供）

97. 尖锐角

学名： *Huernia verekeri*

特征： 花瓣尖而细长，米黄色，俏皮可爱，副花冠周围的凹陷和红晕为它又增添几分色彩。

（Claudio Cravero 供）

（Claudio Cravero 供）

（Olovea Kia Ora 供）

98. 沙龙角

学名： *Huernia whitesloaneana*

特征： 钟形的小花，花瓣内壁粗糙，密布肉刺状凸起和暗红色斑纹。

剑龙角属中的一些花在花冠中央部分会有环状隆起，看上去非常像面包店里的甜甜圈。

99. 缟马

学名：*Huernia zebrina*

特征：缟马又名斑马萝藦，家庭栽培中较常见，副花冠周围的圆环状凸起像甜甜圈或大嘴唇，环状凸起上有点状斑纹，花瓣上有斑马纹。花色和花纹会产生极多的变化。

（耿晓远 供）

100. 大花缟马

学名：*Huernia zebrina* var. *magniflora*

特征：缟马（*H. zebrina*）的变种，比起常见的缟马，大花缟马的圆环状凸起更为肥大，看上去像一个大轮胎或糖果，奇异有趣。在分类上，有人将其作为亚种处理，有人将其作为园艺种处理，笔者参考了1987年的《南非植物名录》文献，将其作为变种处理。

（Georg Fritz 供）

（Lukács Márk 供）

剑龙角属拓展部分：

哈德剑龙角（*Huernia hadramautica*）（Dennis de Kock 供）

伯乐剑龙角（*Huernia boleana*）（Dennis de Kock 供）

长筒剑龙角（*Huernia levyi*）（Cok Grootscholten 供）

胡帕塔剑龙角（*Huernia humpatana*）（Luiza Ferrira 供）

德兰士瓦剑龙角（*Huernia transvaalensis*）（Luiza Ferrira 供）

缟马（*Huernia zebrina*）（Obety José Baptista 供）

剑龙角属肉质茎（Obety José Baptista 供）

丛生的剑龙角属（Obety José Baptista 供）

月儿剑龙角（*Huernia hislopii*）（Obety José Baptista 供）

月儿剑龙角（*Huernia hislopii*）（Obety José Baptista 供）

魔窟剑龙角（*Huernia erectiloba*）（Obety José Baptista 供）

魔窟剑龙角（*Huernia erectiloba*）（Obety José Baptista 供）

网纹剑龙角（*Huernia reticulata*），拍摄于西开普省（Western Cape）的锡特勒斯达尔（Citrusdal）（Jaromir Chvastek 供）

网纹剑龙角（*Huernia reticulata*），拍摄于西开普省（Western Cape）的锡特勒斯达尔（Citrusdal）（Jaromir Chvastek 供）

（Dong-ya Wu 供）

（Dong-ya Wu 供）

剑笋角属目前只有两个种，即暗色剑笋角和红心肝剑笋角。

（Bert Polling 供）

101. 暗色剑笋角

学名：*Huerniopsis atrosanguinea*

异名：*Piaranthus atrosanguineus*

特征：花朵艳丽美观，深红色的花瓣经过杂交变异有时会有红黄颜色的渐变，凸起的白色副花冠显得格外醒目。

（Dong-ya Wu 供）

（Bert Polling 供）

102. 红心肝剑笋角

学名：*Huerniopsis decipiens*

异名：*Piaranthus decipiens*

特征：副花冠的外形近似明显的半球状，花瓣的颜色及斑纹有差异性，色彩偏红或偏黄。

（Papaschon Chamwong 供）

异杯角属
Luckhoffia

异杯角属目前只有一个种，即异杯角。

103. 异杯角

学名： *Luckhoffia beukmanii*

异名： × *Hoodiapelia beukmanii*、*Stapelia beukmanii*

特征： 它是丽杯角属（*Hoodia*）与豹皮花属（*Stapelia*）的自然杂交种。花冠淡紫红色，随着开放花冠会展平。

姬龙角属
Notechidnopsis

姬龙角属目前只有一个种，即姬龙角。

104. 姬龙角

学名： *Notechidnopsis tessellata*

特征： 开出迷你可爱的小花，花朵直径约 7 毫米。虽然它的茎干外貌和青龙角属（*Echidnopsis*）很相像，但是有意思的地方在于它的属名“*Notechidnopsis*”是在青龙角属的属名“*Echidnopsis*”前加上了“Not”，用以区分二者。

伏龙角属是一个成员很少的属，只有穹顶伏龙角、伏龙角、花灯伏龙角这三个种。伏龙角属肉质茎易贴着土面匍匐生长，花朵小巧可爱。

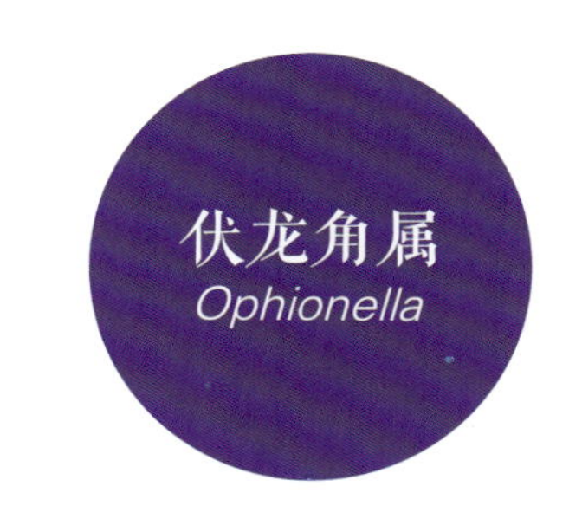

105. 伏龙角

学名：*Ophionella arcuata* subsp. *mirkinii*

特征：淡黄色的小花，花冠棱角较分明。

（Dong-ya Wu 供）

（Dong-ya Wu 供）

伏龙角属拓展部分：

穹顶伏龙角（*Ophionella arcuata*）
［摄于西班牙加那利群岛（Canary Islands）的 Afrikana 苗圃，Giuseppe Orlando 供］

花灯伏龙角（*Ophionella willowmorensis*）
［摄于西班牙加那利群岛（Canary Islands）的 Afrikana 苗圃，Giuseppe Orlando 供］

该属模式种为豹皮花（*Orbea variegata*），别称“国章”。豹皮花这个名字比较通俗形象，再加上本属其他部分成员花瓣上的斑纹也酷似豹皮上的纹路，因此舍去流传的“牛角属”“犀角属”等名字，而用豹皮花属来做统一规范。

豹皮花属很多种的肉质茎上生有明显的肉质刺和或多或少的斑纹，有的种茎上的斑纹平时不太明显甚至看不出来，日照强烈或温差较大时那些斑纹会愈加清晰。不同种间花色花形差异较大，其中不少种的花具有奇特的质感和美丽的花纹，有的种花瓣边缘生有绒毛，可随风摆动，甚是有趣。

（Olovea Kia Ora 供）

（Weijen Ang 供）

106. 仙巢豹皮花

学名：*Orbea abayensis*

特征：副花冠有五个巢穴般的孔洞是它最大的特点。

（Dennis de Kock 供）

栽培源自 Agroideas Cactus y Suculentas：www. cactusagroideas. com
（Francisco Noguera Molina 供）

107. 栗斑豹皮花

学名： *Orbea albocastanea*

异名： *Orbeopsis albocastanea* ，*Stapelia albocastanea*

特征： 花瓣密布栗色的斑点，绚烂夺目，该种具有较长的花柄。

（Dong-ya Wu 供）

（Dong-ya Wu 供）

梅鹿角的亚种：索马里梅鹿角（*Orbea baldratii subsp. somalensis*）
（耿晓远 供）

108. 梅鹿角

学名： *Orbea baldratii*

异名： *Caralluma baldratii*

特征： 细长的花瓣稍有弯曲，数朵交叠同开，酷似鹿角，奇特秀美。

（包尚弘 供）

雀喙阁（*Orbea carnosa*），
异名：*Pachycymbium carnosum*
［摄于西班牙加那利群岛（Canary Islands）的 Afrikana 苗圃，Giuseppe Orlando 供］

109. 花斑雀喙阁

学名：*Orbea carnosa* subsp. *keithii*

特征：花斑雀喙阁是雀喙阁（*O. carnosa*）的亚种，花瓣较短且微微聚拢，形如雀嘴，整朵花外形近似五边形，密布斑纹。花色有一定的差异性，有的则无斑纹，花纯红色或纯黄色，无斑纹的类型较少见。

（刘育嘉 供）

黄绿色尾花角

110. 尾花角

学名：*Orbea caudata*

特征：细长的花瓣看上去俏皮有趣，花瓣更细的橙黄色尾花角最为常见，亦有黄色及黄绿色花的类型。

(Dennis de Kock 供)

(Wesley Chin 供)

111. 白须角

学名： *Orbea chrysostephana*

特征： 紫红色的细花瓣，接近黄色副花冠的地方白色针状绒毛密集，好似长了很多白色的胡须，颜色对比鲜明漂亮。

(Bert Polling 供)

(Cok Grootscholten 供)

白苏豹皮花（右）独特的花色让人眼前一亮　(Lukács Márk 供)

112. 白苏豹皮花

学名： *Orbea ciliata*

特征： 颜色很浅的淡黄色花瓣上密布不太明显的微小斑点，副花冠周围的圆块状凸起和花冠外缘的白色流苏状绒毛为它增添了更大的特点，奇特夺目。

（吴明颢 供）

（吴明颢 供）

（Luiza Ferreira 供）

113. 雏鸟阁

学名：*Orbea conjuncta*

特征：杯状的淡黄色花冠与花朵内部的紫红色对比强烈，看上去像一只刚刚出生不久正在张大嘴巴嗷嗷待哺的小鸟。

现接受名为 *Orbeanthus conjunctus*，被分到宽杯角属（*Orbeanthus*），所以也可称它为“雏鸟宽杯角”。

（余斌 供）

114. 点纹豹皮花

学名：*Orbea cooperi*

特征：花冠表面白色凸起的细小纹路形成独特的质感。

（SP 多肉植物园 供）

115. 锦杯阁

学名：*Orbea deflersiana*

特征：花冠下部的杯状结构较明显，花冠颜色棕红色，也常常夹杂着浅黄色，看上去更加丰富美丽。

（Wesley Chin 供）

116. 素豹皮花

学名：*Orbea denboefii*

特征：没有花纹和绒毛修饰的黄色花朵看上去素雅简洁，亦有紫红色花。

(SATURDAYS SUCCULENTS 供)

(游贵程 供)

117. 紫龙角

学名：*Orbea decaisneana*

特征：紫龙角在家庭栽培中最为常见，茎干灰绿色，表面生有斑纹，光照充足或温差大时斑纹变成紫褐色，开深褐红色小花。原生于北非、地中海地区和南也门的索科特拉岛。

O.decaisneana 这个名字现被作为异名处理，接受名为 *Pachycymbium decaisneanum* 。

(Georg Fritz 供)

(Georg Fritz 供)

118. 圣杯阁

学名：*Orbea distincta*

特征：花冠下部的杯状结构较该属其他种更加明显，花瓣向斜上方展开，让人联想到神话故事中的火焰圣杯。

（Mike Haney 供）

（Mike Haney 供）

（Mike Haney 供）

119. 斑斓豹皮花

学名：*Orbea doldii*

特征：花冠中间有轻微凸起，花瓣上有黄紫相间的斑斓花纹，花纹分布有丰富的差异性。

在萝藦科多肉植物中，有一些花竟然是绿色的。

翠海盘车（*Orbea dummeri*） （游贵程 供）

120. 翠海盘车

学名： *Orbea dummeri*

特征： 生有让人惊叹的翠绿色花瓣，花瓣上有白色半透明绒毛。海星有个别名叫海盘车，该种的花像翠绿色的海盘车，故得名翠海盘车。翠海盘车又名精丽阁。园艺流通中出现了花更大一些的类型。

（葛灏 供）

（余斌 供）

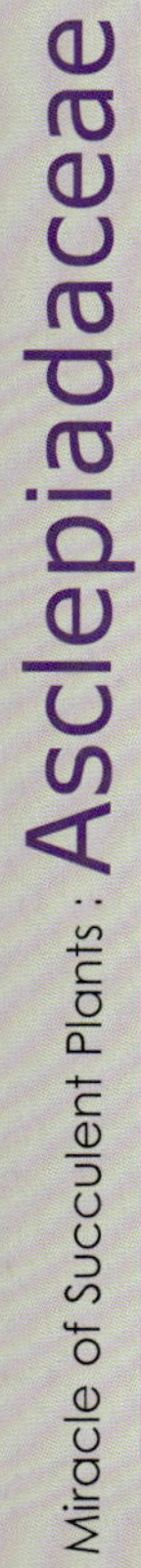

（Bert Polling 供）

121. 蜡扣豹皮花

学名： *Orbea gemugofana*

特征： 副花冠看上去像一颗具有蜡质光泽的纽扣，常见花色为偏黄色或偏粉红色。

（Bert Polling 供）

［摄于西班牙加那利群岛（Canary Islands）的 Afrikana 苗圃，Giuseppe Orlando 供］

122. 红幻窟

学名： *Orbea gerstneri* subsp. *elongata*

异名： *Orbeopsis gerstneri* subsp. *elongata*

特征： 紫红色的花冠密布细小的白色斑纹，花冠中心的圆洞状凹陷较明显。

（Dennis de Kock 供）

不同花纹的旋纹豹皮花（*Orbea halipedicola*）
（Attila Dénes 供）

（Dong-ya Wu 供）

123. 旋纹豹皮花

学名：*Orbea halipedicola*

特征：花冠上斑纹酷似漫天旋转的星斗，绚丽夺目。个体花冠颜色及斑纹差异较大。

（余斌 供）

（Luiza Ferreira 供）

124. 魔眼豹皮花

学名：*Orbea hardyi*

特征：茎干细长且表面肉刺状凸起不太明显。杯状的花，长又尖的花瓣，花冠中部形态酷似瞳仁，整朵花看上去极具魔幻色彩，故得名“魔眼豹皮花”。

现接受名为 *Orbeanthus hardyi*，被分到宽杯角属（*Orbeanthus*），所以也可称它为“魔眼宽杯角”。

（Mike Haney 供）

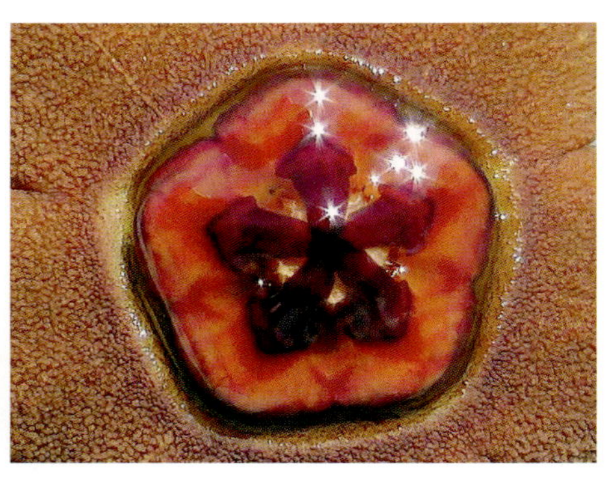

（Mike Haney 供）

125. 水晶豹皮花

学名：*Orbea laticorona*

特征：丝绒质感的花瓣可爱动人，水晶质感的副花冠看上去犹如包裹了一层蜜糖，常见花色偏红色或黄色。

（Bert Polling 供）

（Mike Haney 供）

126. 炭蕊豹皮花

学名：*Orbea longii*

特征：皮革质感的小花，深色的副花冠极具特点，像烧焦的火柴头或柴火堆，奇异别致。花色偏红或偏黄。

（Mike Haney 供）

（Cok Grootscholten 供）

（Cok Grootscholten 供）

127. 妖舞角

学名：*Orbea lugardii*

特征：长长的纤细花瓣尽显招摇姿态，好似迎风舞动。花色为红黄相间，或者全红、全黄。

（Cok Grootscholten 供）

（Bert Polling 供）

128. 刺天角

学名：*Orbea luntii*

特征：前端紫红色的尖锐花瓣向上伸展，仿佛要刺向天际。凸出的副花冠也较有特点。

129. 黄金豹皮花

学名：*Orbea lutea*

特征：种加词“lutea”意为“黄色的”，花朵直径约4厘米，该种金黄色的花相对常见，亦有橘黄色和红色。

130. 红魔王豹皮花

学名：*Orbea lutea* subsp. *vaga*

特征：花冠密布斑纹，红黄相间，色彩绚烂夺目。亦有全红色。

（刘若兰 供）

131. 洒金豹皮花

学名：*Orbea macloughlinii*

特征：该种花色个体差异性较大，斑纹颜色、大小及疏密程度都会有差异。黄色斑纹形状不规则，酷似洒金，花冠外缘密布深色流苏状绒毛。

（Bert Polling 供）

132. 短齿棒星角

学名：*Orbea maculata* subsp. *rangeana*

特征：为棒星角（*O.maculata*）（见 24 页）的亚种之一，它茎上的齿状肉质刺与其他亚种相比更短。花朵开放后花瓣翻卷呈圆棒状，斑斓夺目的花纹迷人至极，犹如奇异的海洋生物。

133. 硬枝豹皮花

学名：*Orbea melanantha*

特征：该种相对常见，茎干比本属的其他成员较坚硬和粗壮，常见花色为深紫红色，常常数朵同开。不同个体花色有差异，亦发现罕见的黄色花。

（余斌 供）

（余斌 供）

（余斌 供）

（Dup du Plessis 供）

（Bert Polling 供）

134. 大豹皮花

学名：*Orbea namaquensis*

特征：副花冠周围有圆环状凸起，花冠密布豹纹状斑点，乍一看样子很像常见的豹皮花（*O.variegata*），但是比豹皮花看起来更饱满，花也更大，故得名大豹皮花。

（刘育嘉 供）

（吴明颖 供）

（朱盛均 供）

135. 火山豹皮花

学名：*Orbea paradoxa*

特征：花冠中部凸起的构造形似火山口，在红色的渲染下仿佛有岩浆喷薄欲出，越靠近花冠中央斑纹越明显，花瓣边缘生有深色縒毛。

（余斌 供）

136. 麻点豹皮花

学名：*Orbea pulchella*

特征：花冠中间有圆环状凸起，淡黄色花冠上密布细小的褐色麻点。

137. 莹珠角

学名：*Orbea rogersii*

特征：花瓣之间生有绒毛，尖端成莹珠状的绒毛聚集在花朵中央，璀璨迷人。

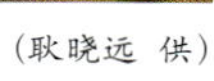

(耿晓远 供)

(耿晓远 供)

138. 玲珑豹皮花

学名：*Orbea schweinfurthii*

特征：每节枝条生长到末端逐渐变粗，枝条末端的肉质刺较大且多向左右两边偏横向生长。小巧玲珑的黄色花朵，密布红褐色细小斑纹。玲珑豹皮花别名“秃角”。

139. 尖耳豹皮花

学名：*Orbea semitubiflora*

特征：常见花色为暗红色，半卷的花瓣看上去显得更尖。

（Olovea Kia Ora 供）

140. 柠檬豹皮花

学名：*Orbea semota*

特征：柠檬豹皮花常见花色为柠檬黄色，花瓣质感酷似柠檬皮，故得名柠檬豹皮花，亦有黄色和紫褐色相间并带有斑纹的花。*Orbea semota* subsp. *orientalis* 为柠檬豹皮花的亚种，整朵花颜色紫褐色，故得名紫砂豹皮花。

（王美玲 供）

紫砂豹皮花（*Orbea semota* subsp. *orientalis*）
（余斌 供）

黄色与紫褐色相间的柠檬豹皮花

黄色与紫褐色相间的柠檬豹皮花
（Attila Dénes 供）

(Bert Polling 供)

(包尚弘 供)

141. 丽斑豹皮花

学名：*Orbea speciosa*

特征："speciosa"的意思是"美丽的"，花瓣上密布斑纹，同种间花纹和颜色有一定的差异性。

(Obety José Baptista 供)

(Dong-ya Wu 供)

142. 紫麻角

学名：*Orbea ubomboensis*

异名：*Australluma ubomboensis*，*Angolluma ubomboensis*，*Caralluma ubomboensis*，*Pachycymbium ubomboense*

特征：副花冠构造精巧，紫色花瓣具磨砂质感。紫麻角从学术分类上被分到各种不同的属，也曾被分到豹皮花属，笔者参考其植株的形态特点，选择把它放在豹皮花属中来介绍。

143. 章鱼豹皮花

学名： *Orbea umbracula*

特征： 花瓣棕色，副花冠周围凸起，花开后花瓣向后翻卷收拢，形似一只正在急速游水的章鱼。花瓣尖端的黄色斑纹刚好像极了章鱼触手上的吸盘。

（Bert Polling 供）

（Cok Grootscholten 供）

（余斌 供）

（Attila Dénes 供）

（刘育嘉 供）

144. 豹皮花

学名： *Orbea variegata*

异名： *Stapelia variegata*

特征： 豹皮花又名国章、徽纹掌、姬牛角等，家庭栽培极为广泛。副花冠周围有一圈轮状凸起，花上的斑纹酷似豹子皮毛上的花纹，故得名豹皮花。经典的豹纹花朵令人过目难忘，它也成为了许多人印象中萝藦科多肉植物的代表。豹皮花的花色、花形及枝条大小有着丰富的差异性。

145. 二色尖星角

学名：*Orbea wissmannii* var. *eremastrum*

特征：纤细的花瓣上有红色和黄色的颜色渐变。

（Mike Haney 供）

（刘育嘉 供）

小花尖星角（*Orbea wissmannii* subsp. *parviloba*）（Luiza Ferreira 供）

（Attila Dénes 供）

（Attila Dénes 供）

146. 圆丘豹皮花

学名：*Orbea woodii*

特征：花朵中央的圆块状凸起较明显，紫红色的花瓣上生有细小的凸起纹理。

豹皮花属拓展部分：

石斑豹皮花（*Orbea knobelii*）（Bert Polling 供）

绒毡豹皮花（*Orbea sprengeri*）（Olovea Kia Ora 供）

绒毡豹皮花（*O. sprengeri*）的亚种：美绒豹皮花（*Orbea sprengeri* subsp. *commutata*）（Mike Haney 供）

垂钟豹皮花（*Orbea huernioides*）（Bert Polling 供）

妙蕊豹皮花（*Orbea araysiana*）

纽扣豹皮花（*Orbea gilbertii*）（Cok Grootscholten 供）

大豹皮花（*Orbea namaquensis*），拍摄于北开普省（Northern Cape）的库勃斯（Kuboes）　(Jaromir Chvastek 供)

大豹皮花（*Orbea namaquensis*），拍摄于北开普省（Northern Cape）的库勃斯（Kuboes）　(Jaromir Chvastek 供)

毛杯阁（*Orbea tubiformis*），拍摄于肯尼亚的马里加特（Marigat） （Gaetano Moschetti 供）

点纹豹皮花（*Orbea cooperi*），拍摄于南非豪登省（Gauteng）的帝文（Devon） （Georg Fritz 供）

该属茎上棱数量多为六条，大部分种花朵初开时，花瓣尖端相连，看上去像一个精致的烧麦或小点心。

（Dennis de Kock 供）

147. 花盅六棱萝藦

学名：*Pectinaria articulata*

异名：*Stisseria articulata*

特征：花朵小巧，形如花盅，花瓣内壁质感如砂糖。

（耿晓远 供）

（耿晓远 供）

148. 砂朵六棱萝藦

学名：*Pectinaria asperiflora*

异名：*Pectinaria articulata* subsp. *asperiflora*

特征：该属中相对常见的一种，花瓣质感如包裹了一层砂糖。

（Wesley Chin 供）

（Dennis de Kock 供）

（Bert Polling 供）

149. 糕点六棱萝藦

学名：*Pectinaria namaquensis*

异名：*Pectinaria articulata* subsp. *namaquensis*

特征：常见花色为黄色，亦有红色，精巧可爱的小花看上去像一块小糕点。

150. 长柄六棱萝藦

学名：*Pectinaria longipes*

特征：花梗较长，纯黄色的花，花瓣展平开放，与该属其他种的花外形差异较大。

（Etwin Aslander 供）

［摄于西班牙加那利群岛（Canary Islands）的 Afrikana 苗圃，Giuseppe Orlando 供］

（Bert Polling 供）

［摄于西班牙加那利群岛（Canary Islands）的 "Afrikana" 苗圃，Giuseppe Orlando 供］

151. 红尘六棱萝藦

学名：*Pectinaria maughanii*

特征：花冠样貌与该属其他成员区别较大。花心周围聚集细小的红色斑点，犹如染落的红色微尘，花瓣尖端为黄色。

姬笋角属的花都不大，植株矮小，3 ~ 5 厘米的高度，易群生，有的种花色花形差异较大，导致较难分辨。

姬笋角属
Piaranthus

彩姬笋角（*Piaranthus geminatus*）（余斌 供）

（Dennis de Kock 供）

（Dong-ya Wu 供）

（Dong-ya Wu 供）

（Dong-ya Wu 供）

（Claudio Cravero 供）

（Dong-ya Wu 供）

（沈轶 供）

（沈轶 供）

（Dong-ya Wu 供）

（Dong-ya Wu 供）

（Dennis de Kock 供）

152. 彩姬笋角

学名：*Piaranthus geminatus*

特征：花色丰富多变，植株形态也有一定的差异性。

有的分类系统中把彩姬笋角（*P. geminatus*）放到了光龙角属（*Stisseria*），本书考虑到园艺流通中的实际情况，依然按照姬笋角来介绍。

姬笋角属拓展部分：

华丽姬笋角（*Piaranthus comptus*）
（Dong-ya Wu 供）

美纹姬笋角（*Piaranthus punctatus*）
（耿晓远 供）

华丽姬笋角（*Piaranthus comptus*）
（Dong-ya Wu 供）

尖蕊姬笋角（*Piaranthus cornutus*）
（Georg Fritz 供）

美纹姬笋角 [*Piaranthus punctatus*（*Piaranthus punctatus* var. *framesii*）]（Dong-ya Wu 供）

华丽姬笋角（*Piaranthus comptus*）
（Dennis de Kock 供）

尖蕊姬笋角（*Piaranthus cornutus*）
（Cok Grootscholten 供）

小花姬笋角（*Piaranthus parvulus*）
（Bert Polling 供）

小花姬笋角（*Piaranthus parvulus*）（Bert Polling 供）

黄花姬笋角（*Piaranthus ruschii*），异名：*Piaranthus cornutus* var. *ruschii*
（耿晓远 供）

153. 乌芒南蛮角

学名：*Quaqua mammillaris*

特征：花瓣尖而细，紫黑色的花紧凑地开放。

南蛮角属
Quaqua

南蛮角属大多数茎干直径为 3 ~ 4 厘米，茎的表皮较坚实，肉质刺的末端易干枯硬化，该属萝藦分布于非洲的南部，其中一些种颇为罕见。

（Bert Polling 供）

（Gaetano Moschetti 供）

南蛮角属拓展部分：

毛珠南蛮角（*Quaqua arida*）　（Riaan Chambers 供）

淡彩南蛮角（*Quaqua incarnata*）　（Hendri Pretorius 供）

垂花南蛮角（*Quaqua inversa*）　（Dennis de Kock 供）

火眼南蛮角（*Quaqua cincta*）　（Iztok Mulej 供）

细花南蛮角（*Quaqua parviflora* subsp. *gracilis*）（Dennis de Kock 供）

铁马南蛮角（*Quaqua armata*）　（Dennis de Kock 供）

野生环境下的南蛮角属萝藦，Yuri Ovchinnikov 拍摄于非洲西南部的纳马夸兰（Namaqualand）（Evgeny Dyagilev 和 Yuri Ovchinnikov 供）

野生环境下的南蛮角属萝藦，Yuri Ovchinnikov 拍摄于非洲西南部的纳马夸兰（Namaqualand）（Evgeny Dyagilev 和 Yuri Ovchinnikov 供）

（Dong-ya Wu 供）

皱龙角属
Rhytidocaulon

皱龙角属的茎干形似枯萎的树枝，表面密布细小的皱纹。迷你的小花直径约1厘米，花色及形态奇异，有的花瓣边缘或尖端生有绒毛。花色偏深灰色、绿色、红色及黄色。

皱龙角变种：迷你皱龙角（*Rhytidocaulon macrolobum* var. *minima*）　（耿晓远　供）

（Dong-ya Wu 供）

154. 皱龙角

学名：*Rhytidocaulon macrolobum*

特征：该属中相对常见的一种，花色多变。

（张招招　供）

皱龙角属拓展部分：

多毛皱龙角（*Rhytidocaulon ciliatum*）(Dennis de Kock 供)

多毛皱龙角（*Rhytidocaulon ciliatum*）　(Gaetano Moschetti 供)

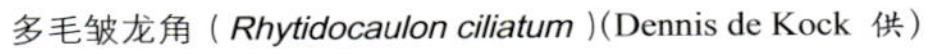

多毛皱龙角（*Rhytidocaulon ciliatum*）　(Gaetano Moschetti 供)

星光皱龙角（*Rhytidocaulon splendidum*）　（章奇 供）

天线皱龙角（*Rhytidocaulon tortum*），拍摄于也门（Yemen）
(Giuseppe Orlando 供)

翠眼皱龙角（*Rhytidocaulon paradoxum*）
(Dennis de Kock 供)

蛛丝皱龙角（*Rhytidocaulon arachnoideum*）
(Dennis de Kock 供)

另一种花纹类型（花瓣上的斑纹更加醒目）的皱龙角（*Rhytidocaulon macrolobum*） （Papaschon Chamwong 供）

另一种花纹类型的皱龙角（*Rhytidocaulon macrolobum*）的植株 （Papaschon Chamwong 供）

粗枝皱龙角（*Rhytidocaulon fulleri*），拍摄于西亚阿曼的佐法尔（Dhofar）　　（Marie Rzepecky 供）

粗枝皱龙角（*Rhytidocaulon fulleri*），拍摄于西亚阿曼的佐法尔（Dhofar）　　（Marie Rzepecky 供）

(Dennis de Kock 供)

齿龙角属
Richtersveldia

齿龙角属目前只有一个种，即齿龙角。

155. 齿龙角

学名：*Richtersveldia columnaris*

特征：茎干上的齿状肉质刺分布紧密并平行排列，浅色的花瓣密布细小斑点。

(Francois Kriel 供)

156. 仙女棒肉珊瑚

学名：*Sarcostemma vanlessenii*

特征：该属中相对常见的品种，枝条直径约 4 毫米，常见花色为淡粉色，亦有淡黄绿色和白色。

肉珊瑚属的萝藦生有细长的肉质茎，花小，易多朵聚生。

（Dong-ya Wu 供）

（Dong-ya Wu 供）

长茎肉珊瑚（*Sarcostemma viminale*）（Cok Grootscholten 供）

157. 长茎肉珊瑚

学名：*Sarcostemma viminale*

特征：茎干细长，直径 1 厘米左右，体内有白色汁液，肉质茎的表面有一薄层微小绒毛，开浅色小花。有一个相对常见些的亚种：澳大利亚肉珊瑚（*Sarcostemma viminale* subsp. *australe*）。

澳大利亚肉珊瑚，又名澳洲肉珊瑚（*Sarcostemma viminale* subsp. *australe*），异名：*Sarcostemma australe*

肉珊瑚属拓展部分：

索科特拉肉珊瑚（*Sarcostemma socotranum*），拍摄于索科特拉岛（Socotra）西部 （Marie Rzepecky 供）

攀缘于树枝间的长茎肉珊瑚（*Sarcostemma viminale*），拍摄于南非东部纳塔尔省的默登地区（Muden） （Georg Fritz 供）

鳞龙角属目前只有一个种，即鳞龙角。

158. 鳞龙角

学名：*Socotrella dolichocnema*

特征：黄灿灿的小花靓丽夺目，茎上的棱纹似层层叠加的鳞片，副花冠周围有一圈平行的深色条纹。

（Pijaya Vachajitpan 供）

（Weijen Ang 供）

（Pijaya Vachajitpan 供）

（Dennis de Kock 供）

犀角属
Stapelia

犀角属中大多数种的肉质茎密被细微绵毛。有不少种花冠有水纹状凹凸起伏的纹理，花瓣内壁或边缘上有的也会有细绒毛或縫状毛，花的质感和整体造型颇为奇特。花较大的一些种的花朵直径可以达到 30 厘米，而小花的种可以小到 2 厘米以下。

现在有的分类学者把部分该属植物分到了角蕊花属（*Gonostemon*）里面了，但是考虑到大多数爱好者暂时还不熟悉这个属，园艺流通中也很少使用该属名，为了避免更多的混乱，笔者暂时还按照犀角属来介绍。

（Bert Polling 供）

159. 迷宫犀角

学名：*Stapelia arenosa*

特征：紫色花冠上的褶皱状凸起较该属其他种更加细密，繁密的褶皱酷似一个复杂的迷宫，靠近副花冠逐渐显现出白色，纹理奇异有趣。

160. 油皮犀角

学名：*Stapelia asterias*

特征：花瓣的油亮质感别具一格。

（Dong-ya Wu 供）

（耿晓远 供）

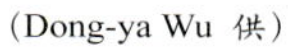

（耿晓远 供）

161. 皮纹犀角

学名：*Stapelia baylissii*

异名：*Stapelia hirsuta* var. *baylissii*

特征：花瓣质感犹如起了皱纹的皮制品。种加词“baylissii”是为了纪念20世纪英国的电动机专家Roy D. Bayliss，他也是一位植物猎人，为南非比勒陀利亚（Pretoria）的植物研究机构搜集植物。

（余斌 供）

（余斌 供）

162. 金纹犀角

学名：*Stapelia cedrimontana*

特征：花冠上有一圈圈对比较鲜明的浅黄色细纹理。

（Olovea Kia Ora 供）

（Iztok Mulej 供）

163. 粗枝犀角

学名：*Stapelia clavicorona*

特征：茎干相对该属其他种显得更加粗壮，花冠上密布一条条细纹，具有光泽的深色副花冠结构精巧奇特，花色偏红色和黄色。

（Claudio Cravero 供）

（Claudio Cravero 供）

164. 布丁犀角

学名：*Stapelia divaricata*

特征：较光润的花朵清新可爱，花色偏淡粉色、淡黄色及白色，色彩和质感微妙迷人，犹如一块美味诱人的小布丁。

165. 罗盘犀角

学名：*Stapelia engleriana*

特征：花的外形极具特色，花冠表面密布水纹状肌理，花初开时为五角星状，开放后花瓣后翻，最终变成有趣的圆饼状，犹如一个刻满文字的罗盘。在园艺流通中亦有别名“星天阁”。

166. 长柄犀角

学名：*Stapelia erectiflora*

特征：结构精巧的副花冠配以白色绒毛和长长的花柄，为这种小花增添了无限的遐想空间。

（耿晓远 供）

167. 妖星角

学名： *Stapelia flavopurpurea*

特征： 花色和形态有着丰富的差异性，副花冠、绒毛、花瓣形状、大小等都有着或多或少的不同，花冠色彩主基调有浅绿色、浅黄色、紫红色、橘黄色，副花冠颜色偏红或偏黄，副花冠周围的绒毛常见粉色和白色。极具魔幻色彩的花形和花色使得妖星角受到众多萝藦爱好者的喜爱。

（余斌 供）

（吴明颖 供）

（Nick Lambert 供）

168. 高天角

学名：*Stapelia gettliffei*

特征：茎干边缘的细长肉质刺分布较密且明显，花冠生有水纹状细纹及紫色绒毛。

（刘若兰 供）

（刘育嘉 供）

169. 巨花犀角

学名：*Stapelia gigantea*

特征：经典且常见，花冠淡黄色，密布细纹，种加词"gigantea"意思是巨大的。巨花犀角在流通中最常见的中文名为"大花犀角"，其实是不够严谨合理的。因为同属还有一个正宗的大花犀角（*S. grandiflora*），巨花犀角的花比大花犀角的还大，花的直径可达 30 厘米左右，因此最终还是决定跟种加词"巨大"相照应，叫做巨花犀角。巨花犀角在流通中也俗称"王犀角"。

（沈轶 供）

（沈轶 供）

（沈轶 供）

（Wesley Chin 供）

170. 仙羽犀角

学名： *Stapelia glanduliflora*

特征： 淡黄色的花冠中间及边缘密布半透明毛缕，犹如披上了一身仙气十足的羽毛，梦幻至极，奇异的小花使它备受瞩目。

171. 大花犀角

学名：*Stapelia grandiflora*

特征：“grandiflora” 的意思是“大花的”，花较大，多数个体花冠边缘生有较长绒毛，肉质茎和花的样貌都有着丰富的差异性。

（Cok Grootscholten 供）

（余斌 供）

（Cok Grootscholten 供）

[*Stapelia grandiflora*（*Stapelia desmetiana* var. *pallida*）]（Jan Kaess 供）

（Jan Kaess 供）

花瓣尖端深色的类型俗称“狐耳大花犀角”：

（Mike Haney 供）

[*Stapelia grandiflora*（*Stapelia grandiflora* var. *conformis*）]（Bert Polling 供）

（余斌 供）

172. 毛犀角

学名：*Stapelia hirsuta*

特征：该种花朵个体样貌差异性丰富，有些毛犀角的花冠上生有非常浓密的绒毛。

（Rafael Cruz García 供）

（Cok Grootscholten 供）

毛犀角变种：措莫毛犀角（*Stapelia hirsuta* var. *tsomoensis*）
（Cok Grootscholten 供）

（Cok Grootscholten 供）

毛犀角（*S. hirsuta*）的一个园艺品种——妖姬毛犀角，花瓣尖端呈深紫色，副花冠周围的紫色绒毛连成一圈。园艺名为 *Stapelia hirsuta* 'Michell's Pass'。

厚毛犀角（*Stapelia pulvinata*），它是毛犀角（*S. hirsuta*）中一个绒毛最厚重的类型
（栽培者：Kouzou Akaishi , Iwate-Prefecture Japan.；照片提供者：NPO/Web-shaboten-shi.）

（余斌 供）

（Georg Fritz 供）

173. 刚果犀角

学名： *Stapelia kwebensis*

特征： 副花冠周围有圆形凹陷，花色有棕褐色、暗红色和黄色。

（Dong-ya Wu 供）

（Dong-ya Wu 供）

（Georg Fritz 供）

174. 钟楼阁

学名： *Stapelia leendertziae*

特征： 钟形的紫红色花朵很有特点，悬垂在枝头，甚是漂亮。

（余斌 供）

175. 密纹豹皮花

学名：*Stapelia mutabilis*

异名：*Stisseria mutabilis*，*Orbea mutabilis*

特征：花冠密布水纹状斑纹，不同个体花上的斑纹有着丰富的变化。

176. 密绒犀角

学名：*Stapelia obducta*

特征：花上有稠密的紫色绒毛，花开后花瓣逐渐后翻，整个花朵成圆球状，毛茸茸，非常有趣可爱。

（Wesley Chin 供）

177. 紫水角

学名：*Stapelia olivacea*

特征：紫褐色或棕色的花冠密布凹凸不平的水纹状纹路。

（Evgeny Dyagilev 供）

178. 丹霞犀角

学名：*Stapelia pearsonii*

特征：花瓣呈现出过渡微妙的红色，花朵初开时是标准的正五角星形。

（Cok Grootscholten 供）

相对少见的黄色花　　（Sean Gildenhuys 供）

（Cok Grootscholten 供）

179. 长尾犀角

学名：*Stapelia pillansii*

异名：*Gonostemon pillansii*

特征：花瓣尖端细长，花瓣边缘生有绒毛，花色有紫红色和黄色。

[（Giuseppe Orlando 供，来源于 Giuseppe Orlando 位于西班牙加那利群岛（Canary Islands）的 Afrikana 苗圃]

（Dennis de Kock 供）

180. 丸犀角

学名：*Stapelia remota*

特征：红色的花瓣上有些许点状凸起，花瓣易向后翻卷，使花冠成球状。

红犀角（*Stapelia schinzii*）（耿晓远 供）

纹瓣红犀角（*Stapelia schinzii* var. *angolensis*，异名：*Stapelia angolensis*）（SATURDAYS SUCCULENTS 供）

油瓣红犀角（*Stapelia schinzii* var. *bergeriana*，异名：*Stapelia bergeriana*）（Georg Fritz 供）

181. 红犀角

学名： *Stapelia schinzii*

特征： 花色为红色、淡橙色或土黄色，花瓣边缘生有紫红色毛缝。红犀角（*S.schinzii*）有两个变种：纹瓣红犀角（*Stapelia schinzii* var. *angolensis*）和油瓣红犀角（*Stapelia schinzii* var. *bergeriana*）。

（余斌 供）

182. 紫微星犀角

学名： *Stapelia scitula*

异名： *Stapelia paniculata* subsp. *scitula*, *Gonostemon scitulus*

特征： 小巧的花朵数朵同开时灿烂美丽，常见紫色花，亦有黄色和淡粉色的花。

183. 皱花犀角

学名： *Stapelia similis*

特征： 紫棕色的小花上有明显的褶皱肌理。

（Bert Polling 供）

（Bert Polling 供）

184. 立花犀角

学名： *Stapelia surrecta*

特征： “surrecta”的意思是“直立”，意在形容它直立向上的花柄，花瓣微微聚拢的小花，颜色由中部的淡黄色向周围的紫红色过渡。

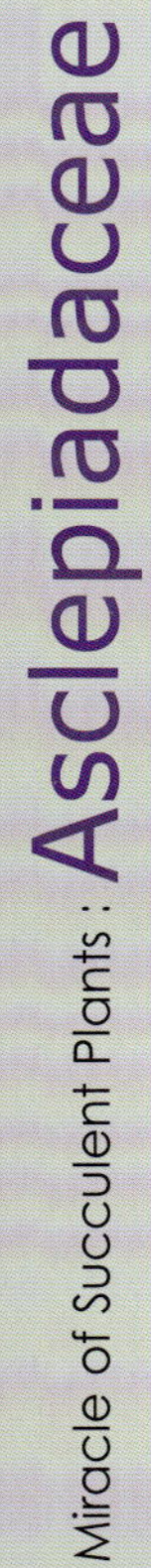

185. 小花犀角

学名：*Stapelia unicornis*

特征：小花犀角的花乍一看与淡黄色花的巨花犀角（*S.gigantea*）有几分相似，但花相对较小且花瓣较短，淡黄色的花瓣上生有一层紫红色绒毛。

（耿晓远 供）

（余斌 供）

（Rafael Cruz García 供）

（Dennis de Kock 供）

186. 木刻犀角

学名：*Stapelia villetiae*

特征：花瓣上生有质感如木刻般的纹路，个体之间花的颜色及纹路有一定的差异。

犀角属拓展部分：

巨花犀角（*Stapelia gigantea*），拍摄于纳塔尔（Natal）的默登（Muden）（Georg Fritz 供）

犀角属的肉质茎（Obety José Baptista 供）

丛生的犀角属（Obety José Baptista 供）

结出果荚的犀角属（Obety José Baptista 供）

巨花犀角（*Stapelia gigantea*）（Obety José Baptista 供）

迷你犀角（*Stapelia parvula*）（Cok Grootscholten 供）

赤犀角（*Stapelia rufa*）（Felipe Escudero Ganem 供）

古犀角（*Stapelia vetula*）（Cok Grootscholten 供）

橘河毛犀角（*Stapelia hirsuta* var. *gariepensis*），拍摄于北开普省（Northern Cape）的库勃斯（Kuboes）（Jaromir Chvastek 供）

橘河毛犀角（*Stapelia hirsuta* var. *gariepensis*）的果荚，拍摄于北开普省（Northern Cape）的库勃斯（Kuboes）（Jaromir Chvastek 供）

橘河毛犀角（*Stapelia hirsuta* var. *gariepensis*），拍摄于南非（Francois Kriel 供）

橘河毛犀角（*Stapelia hirsuta* var. *gariepensis*），拍摄于南非　　（Francois Kriel 供）

海葵角属一些种的肉质茎上多生有或长或短的毛状软刺，也有一些种的茎看上去质感像枯树枝。该属萝藦丛生的茎和形色奇异的花都酷似海葵及其他海洋生物。

（李梅华 供）

（李梅华 供）

（李梅华 供）

（李梅华 供）

187. 白梅海葵角

学名：*Stapelianthus arenarius*

特征：该种相对罕见，白色的小花靠近副花冠的部分生有紫红色斑纹，配上近似树枝的茎干，宛如一朵超凡脱俗的梅花，娇而不艳。

顶端呈粉红色的粉红海葵萝藦 (Dong-ya Wu 供)

常见的海葵萝藦在光照充足的情况下枝条为紫褐色，光照不足时为绿色 (Dong-ya Wu 供)

军绿色的绿皮海葵萝藦，绿皮海葵萝藦在光照充足时皮色不会变为紫褐色 (Dong-ya Wu 供)

188. 海葵萝藦

学名：*Stapelianthus decaryi*

特征：海葵萝藦，别名雷卡雷角，茎的颜色有三种不同的类型：紫褐色、军绿色和粉红色。花朵小巧呈肉色，花冠密布细小的斑点和肉刺。

（Dennis de Kock 供）

（Nella Goloviznina 供）

（Nella Goloviznina 供）

（Nella Goloviznina 供）

189. 石榴海葵角

学名：*Stapelianthus insignis*

特征：枝条质感像枯树枝。"insignis"的意思是"显著的，有区别的"，确实，石榴海葵角的花形与该属其他成员差异较大，花冠形似石榴，显眼的斑纹犹如包裹着满满的石榴籽。

（Nella Goloviznina 供）

（Hudson Laguna 供）

190. 红唇海葵角

学名：*Stapelianthus keraudreniae*

特征：花冠中部有红色环状凸起，这也是该种区别于该属其他成员的显著特点。

（耿晓远 供）

（葛灏 供）

191. 海马萝藦

学名：*Stapelianthus madagascariensis*

特征：该属较常见的一种，这个被广泛应用的中文名源自于日本园艺名“竜の落子（龙之落子）”。龙之落子或龙落子翻译成中文的意思是“海马”。枝条细长，小巧的白色花朵生有深色斑点，花瓣上如细小触手般的凸起使它看上去更像海洋生物。

（Dong-ya Wu 供）

197. 丽钟阁

学名：*Tavaresia barklyi*

特征：又称丽钟角或钟馗阁。密布灰白色软细刺的肉质茎使它常常被误认为是仙人掌科的植物，长筒状的钟形花看上去像个漏斗或大喇叭。有的资料中把 *T. barklyi* 和 *T.grandiflora* 作为同种异名，有的资料则把它们加以区分，用 *T.grandiflora* 来命名一种花更大的丽钟阁。鉴于实际流通中丽钟阁确实有大花和小花之分，本书根据花的大小不同来分别介绍。

198. 大花丽钟阁

学名：*Tavaresia grandiflora*

特征：大花丽钟阁的花较大，花筒更长，约 15 厘米。花比丽钟阁（*T.barklyi*）大一倍，长筒状的钟形花看上去像个大喇叭，奇特美丽。

（余斌 供）

三齿萝藦属的诸多种较为少见，该属一些种的外轮副花冠有三个裂片，故称为三齿萝藦属。

三齿萝藦属 *Tridentea*

（Bert Polling 供）

（Dennis de Kock 供）

199. 乌金三齿萝藦

学名： *Tridentea gemmiflora*

特征： 深紫色的花朵隐约有或多或少的淡黄色花纹，展平的深色花冠看上去神秘美丽，犹如闪耀着光芒的乌金。亦发现有浅色花。

（Bert Polling 供）

（Wesley Chin 供）

200. 多变犀角

学名： *Tridentea jucunda*

异名： *Stapelia jucunda*

特征： 该种花上的斑纹变化多端。

在分类上，有的人把它放到三齿萝藦属（*Tridentea*），有的人则放到犀角属（*Stapelia*），现接受名为 *T.jucunda*。笔者觉得大多数个体没有看到外轮副花冠尖端的三裂形态，故中文名依旧以犀角属名字处理，称为多变犀角。

201. 刺瓣三齿萝藦

学名：*Tridentea virescens*

特征：相对罕见，黄色的花瓣上有许多不规则的疣状凸起，奇异别致。

（Dennis de Kock 供）

（Hendri Pretorius 供）

（Hendri Pretorius 供）

（Hendri Pretorius 供）

三齿萝藦属拓展部分：

地魔三齿角（*Tridentea pachyrrhiza*） （Bert Polling 供）

马林塔尔三齿角（*Tridentea marientalensis*）的亚种：白毛三齿角（*Tridentea marientalensis* subsp. *albipilosa*）（Giuseppe Orlando 供）

（Hendri Pretorius 供）

盘龙角属
Tromotriche

盘龙角属诸多种茎上的肉质刺较钝且不太明显，一些种虽然花不太大但是花色和质感非常奇特美丽。

202. 浮石盘龙角

学名：*Tromotriche aperta*

特征：花心处凹陷，花瓣表面有凹凸不平的孔洞状纹理，奇特的质感酷似浮石（岩浆凝成的海绵状的岩石，是一种多孔、轻质的酸性火山喷出岩）。紫色和白色的搭配看上去美丽奇特，亦发现有黄色花。

203. 杯丽盘龙角

学名：*Tromotriche baylissii*

特征：紫红色杯状小花，初开时花瓣向斜上方伸展。

(Silvia Ruwa 供)

(Silvia Ruwa 供)

204. 蛀痕盘龙角

学名： *Tromotriche herrei*

特征： 花瓣上奇特的肌理看上去像虫蛀的孔洞，比较罕见。

(Cok Grootscholten 供)

(Dennis de Kock 供)

205. 长柄盘龙角

学名： *Tromotriche longipes*

异名： *Tromotriche pedunculata* subsp. *longipes*

特征： 花的样貌和浮石盘龙角（*T.aperta*）有几分相似，长柄盘龙角的花心处没有像浮石盘龙角一样明显的凹陷，副花冠凸起，花冠周围生有绒毛。“长柄”是其种加词“longipes”的直译，意在形容该种生有较长的花柄。

(Martin Heigan 供)

(Martin Heigan 供)

[摄于西班牙加那利群岛 (Canary Islands) 的 Afrikana 苗圃，Giuseppe Orlando 供]

206. 黑眉盘龙角

学名：*Tromotriche pedunculata*

特征：紫黑色的副花冠和花冠上的绒毛都像浓重的眉毛，花瓣上暖色和白色的搭配漂亮别致，整朵花散发出古怪的气息。

(耿晓远 供)

(Mike Haney 供)

(Cok Grootscholten 供)

207. 卷耳盘龙角

学名：*Tromotriche revoluta*

异名：*Stapelia revoluta*

特征：种加词“revoluta”意为“反卷的”，用来形容它反卷的棕红色花瓣，花心附近的浅色区域逐渐向周围扩散，犹如一片光晕。

（余斌 供）

（Dong-ya Wu 供）

208. 虎斑盘龙角

学名：*Tromotriche revoluta* var. *tigrida*

特征：虎斑盘龙角是卷耳盘龙角（*T. revoluta*）的变种，“tigrida”的意思是“像虎的，具虎斑的”，花上的条纹像老虎皮上的斑纹。

（Hendri Pretorius 供）

（Felipe Escudero Ganem 供）

（Bert Polling 供）

209. 太阳神盘龙角

学名：*Tromotriche umdausensis*

特征：围绕着副花冠的奇异花纹向四周扩散，花纹风格像原始部落的图腾纹样，奇特美丽，花色有黄色和紫红色。

盘龙角属拓展部分：

野生环境下盘龙角属萝藦，Yuri Ovchinnikov 拍摄于非洲西南部的纳马夸兰（Namaqualand） （Evgeny Dyagilev 和 Yuri Ovchinnikov 供）

长柄盘龙角（*Tromotriche longipes*），Yuri Ovchinnikov 拍摄于非洲西南部的纳马夸兰（Namaqualand）
（Evgeny Dyagilev 和 Yuri Ovchinnikov 供）

长柄盘龙角（*Tromotriche longipes*），Yuri Ovchinnikov 拍摄于非洲西南部的纳马夸兰（Namaqualand）

（Evgeny Dyagilev 和 Yuri Ovchinnikov 供）

二、披着恐龙皮的石头——高度肉质化的萝藦

萝藦科多肉植物中有着这样一个经典且独特的分支，它们的原生地多在东非的索马里东北部及北部和非洲南部，所在的大部分地区属亚热带或热带沙漠气候。这里终年高温且干燥少雨，年降水量在 100 毫米以下，终年温度不低于 20℃，荒漠、半荒漠和热带草原地形广布。为了储存赖以生存的宝贵水分，它们的茎干部分进化成了高度肉质化的模样，形似肥厚的立方体、球状或柱状。耐旱的它们形态及皮色高度拟态化，与当地的石块及环境十分接近，它们表皮的质感还很像恐龙及其他爬虫类动物的皮肤。

（葛灏 供）

这类萝藦中最具代表性的三个属［凝蹄玉属（*Pseudolithos*）、沙龙玉属（*White-sloanea*）、佛头玉属（*Larryleachia*）］中的种由于造型独特、生长相对缓慢、栽培难度较高、较难繁殖而成为萝藦玩家们宠爱的收藏品。随着当今园艺文化和相关产业的发展，这类萝藦中的一些种被广泛地繁殖，使得越来越多的爱好者有机会接触并观赏到这些“披着恐龙皮的奇怪石头”。

凝蹄玉属又名拟蹄玉属，它的属名 *Pseudolithos* 源于希腊语。"Pseudo" 的意思为"假的"，"lithos" 意为"石头"，所以"*Pseudolithos*"的意思是"假的石头"，这点和植株的外貌再贴切不过了。该属中最为常见的一个种是 *Pseudolithos migiurtinus*，种加词"migiurtinus"来源于"migiurtina"，"migiurtina"是索马里东北部山区的名字。所以该种的学名表明了它是一种"来自索马里东北部的 Migiurtina 山区，长得像石头的植物"。

凝蹄玉属
Pseudolithos

1. 凝蹄玉

学名：*Pseudolithos migiurtinus*

特征：植株表面纹理像爬虫类动物的皮肤，乍一看像一块石头，数朵小花同开。

（罗罗 供）

（耿晓远 供）

（耿晓远 供）

（余斌 供）

2. 方凝蹄玉

学名：*Pseudolithos cubiformis*

特征：方凝蹄玉又称方型凝蹄玉、方凝蹄，与常见的凝蹄玉相比，外形更偏方形，在幼年阶段方形更为明显。花丛生似海葵，花瓣细长，常见花色偏红色和米黄色。

（葛灏 供）

（沈轶 供）

3. 蛇头凝蹄玉

学名：*Pseudolithos caput-viperae*

特征：植株外形近似蛇的头部，开出浅色偏球形的小花。

（Dennis de Kock 供）

（Wesley Chin 供）

4. 凝蹄阁

学名：*Pseudolithos dodsonianus*

特征：枝条状的茎，开出深色的小花。

（静海 供）

（Gaetano Moschetti 供）

（Gaetano Moschetti 供）

5. 小花凝蹄玉

学名：*Pseudolithos harardheranus*

特征：该种于 2002 年正式发表，与其他凝蹄玉的花相比，它的花更小。

6. 沙龙玉

学名： *White-sloanea crassa*

特征： 沙龙玉俗称四角萝藦，又名白沙龙、卡萨白沙龙。它所在的属是单种属，原生于东非的索马里北部沙漠，外形与仙人掌科的四角鸾凤玉比较相像，野生及日照充足时表皮呈淡灰褐色，开花多从底部出花，少有分枝现象发生。

（葛灏 供）

（葛灏 供）

佛头玉属
Larryleachia

佛头玉属（*Larryleachia*）原为亚罗汉属（*Trichocaulon*），原生于南非和非洲西南部的纳米比亚。肉质茎上布满一个个凸起的圆瘤，形似佛祖的头顶，故得名佛头玉。该属外形差异较大，球形或柱形，花开在茎干顶端及附近，花朵直径约 1 厘米。

（葛灏 供）

（葛灏 供）

7. 佛头玉

学名：*Larryleachia cactiformis*

别名：*Trichocaulon cactiforme*，*Lavrania cactiformis*

特征：该属中相对常见的一种，花上有斑斓的花纹。

（余斌 供）（葛灏 供）

（Dong-ya Wu 供）

8. 珠点佛头玉

学名：*Larryleachia perlata*

特征：花瓣上有细小的珠点状凸起。

（Iztok Mulej 供）

9. 红角佛头玉

学名：*Larryleachia tirasmontana*

特征：花瓣尖端呈暗红色。

10. 佛指玉

学名：*Lavrania haagnerae*

特征：肉质茎上生有网格状纹理，黄色的花瓣密布暗红色斑点。佛指玉和佛头玉有很近的亲缘关系。

佛指玉属目前只有一个种，即佛指玉。

[摄于西班牙加那利群岛（Canary Islands）的 Afrikana 苗圃，Giuseppe Orlando 供]

[摄于西班牙加那利群岛（Canary Islands）的 Afrikana 苗圃，Giuseppe Orlando 供]

高度肉质化的萝藦拓展部分：

蛇头凝蹄玉（*Pseudolithos caput-viperae*）　　(Papaschon Chamwong 供)

不同花色的方凝蹄玉（*Pseudolithos cubiformis*）成株　　(Pijaya Vachajitpan 供)

细枝凝蹄阁（*Pseudolithos mccoyi*），拍摄于西亚阿曼佐法尔省（Dhofar）的米尔巴特（Mirbat） （Marie Rzepecky 供）

细枝凝蹄阁（*Pseudolithos mccoyi*），拍摄于西亚阿曼佐法尔省（Dhofar）的米尔巴特（Mirbat） （Marie Rzepecky 供）

南非野生环境中的佛头玉 （Francois Kriel 供）

南非野生环境中的佛头玉 （Francois Kriel 供）

南非野生环境中的佛头玉 （Francois Kriel 供）

南非野生环境中的佛头玉 （Francois Kriel 供）

三、发芽开花的“萝卜”和“土豆”——生有块根的萝藦

萝藦家族中有一些属的成员生有球形、纺锤形和厚饼状的块根，其中润肺草属（*Brachystelma*）、吊灯花属（*Ceropegia*）、芋根藤属（*Cibirhiza*）、白前属（*Cynanchum*）、水根藤属（*Fockea*）、番萝藦属（*Matelea*）、五棱花属（*Pentagonanthus*）、球杠柳属（*Petopentia*）、薯萝藦属（*Raphionacme*）、笼蕊花属（*Schlechterella*）、鲫鱼藤属（*Secamone*）、冠萝藦属（*Stathmostelma*）中的一些种都或多或少生有块根。

左：大萼润肺草（*Brachystelma megasepalum*）
右：球花润肺草（*Brachystelma buchananii*）

块根类的萝藦多分布在非洲、印度及澳洲。生长在排水良好的沙土及壤土地，喜多岩石、砂石的土壤。块根是储存水和营养的重要器官。深秋天气变冷时，它们的叶片及块根上的细茎逐渐枯萎脱落，进入休眠期，直至开春天气转暖再次发芽生长。

在原生地的自然环境中，这类萝藦的块根部分常被掩盖在地表之下，只露出叶子。在私人栽培时，它们的块根部分被特意裸露出土表用来观赏。观察这些肥硕可爱的“萝卜”和“土豆”从光秃秃到萌发出嫩绿的叶芽，再到开出美丽的小花，确实是个有趣的过程。

球花润肺草（*Brachystelma buchananii*）

黄冠萝藦（*Stathmostelma fornicatum*）

白皮萝藦（*Raphionacme velutina*，异名：*Raphionacme burkei*）

（陈少祥 供）

翡翠芋根藤（*Cibirhiza albersiana*）

尖齿薯萝藦（*Raphionacme angolensis*）

（白阳 供）

润肺草属一般为直立或攀援草本植物。该属共有 100 多种，主产于非洲、大洋洲，亚洲东南部也有少量分布。家庭栽培中常见的一些种的花朵奇特美观且具有球状或饼状块根。

润肺草属
Brachystelma

（邱振辉 供）

1. 龙卵窟

学名：*Brachystelma barberiae*

特征：中文名取自日语“竜卵屈”，种加词“barberiae”是为了纪念东开普省著名植物艺术家 Mary Elizabeth Barber。灰白色的块根有时会随着生长形状变得“不规则”，叶缘有时呈波浪状，叶背密布短柔毛。伞形花序，单花锥形，笼形的花冠外侧为淡绿色，内侧为棕红色。奇异瑰丽的花朵使龙卵窟成为萝藦爱好者梦寐以求的收藏品种。龙卵窟在休眠期对霜寒极其敏感，易受侵害。

2. 球花润肺草

学名：*Brachystelma buchananii*

特征：生有厚饼状块根，伞状花序，花朵繁茂时集合成一个花球，花纹精致典雅，非常漂亮。

厚饼状块根

（贺慧斌 供）

（贺慧斌 供）

3. 针叶润肺草

学名：*Brachystelma filifolium*

特征：生有块根，纤细如针的枝条、叶片及花瓣，外观特点十足，极易与其他块根类萝藦区分。

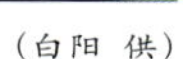

（白阳 供）

（白阳 供）

4. 金冠润肺草

学名：*Brachystelma maritae*

特征：副花冠周围生有细小斑纹，细长的黄色花瓣如一顶金冠。

（贺慧斌 供）

5. 大萼润肺草

学名：*Brachystelma megasepalum*

特征：种加词“megasepalum”由“mega”（大的）和“sepalum”（萼片）组成，用来描述该种植物的花具有较大的萼片。纤细的绿色花瓣初开时顶端相连成笼状，奇特美丽。

（Noriyuki Yanagida 供）

（Noriyuki Yanagida 供）

（贺慧斌 供）

（贺慧斌 供）

6. 红爪润肺草

学名：*Brachystelma plocamoides*

特征：宽大的饼状块根，叶片细长，花朵朝下开放。

7. 素花润肺草

学名：*Brachystelma vahrmeijeri*

特征：开出规则的五角星状小花，花上没有花纹，简洁素雅，花色有紫红色和黄色或紫黄相间。

（SATURDAYS SUCCULENTS 供）

（Håkan Sönnermo 供）

（SATURDAYS SUCCULENTS 供）

（沈佳伟 供）

吊灯花属
Ceropegia

在植株形态以藤蔓状居多的吊灯花属中，也有一些种是生有块根的。

8. 烛腊泉

学名：*Ceropegia conrathii*

特征：生有灰白色块根，花冠如烛焰状，数朵同开，奇特有趣。烛腊泉的枝条不会攀缘生长。

水根藤属也叫火星人属，原生自南非。整个属目前只有六种，都有肉质块根，不同种之间叶子的形态差异比较大。

（杨晓洋 供）

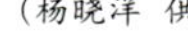

（杨晓洋 供）

（杨晓洋 供）

9. 火星人

学名：*Fockea edulis*

特征：生有肥大的块根，表面有不规则凸起。枝条棕灰色，攀缘生长。叶子绿色，对生，长椭圆形，叶缘呈波浪状，冬季休眠时叶子脱落。花朵小巧，花冠绿色，副花冠白色，花开时散发幽香。

番萝藦属原生自美洲热带、亚热带地区，有200多种，多为藤本植物。国内最常见的一个种俗称龟甲萝藦，因块根表面呈龟裂栓皮状而得名。

番萝藦属
Matelea

（Cok Grootscholten 供）

（章奇 供）

龟甲番萝藦的块根 （章奇 供）

龟甲番萝藦的块根

（章奇 供）

10. 龟甲番萝藦

学名：*Matelea cyclophylla*

异名：*Vincetoxicum cyclophyllum*

特征：俗称龟甲萝藦，生有纵向龟裂的块根，常见花色为紫褐色，亦有绿色或偏向红色及黄色。冬季休眠，茎叶完全脱落，待到天气转暖生发出新芽。随着生长，它的枝条会攀缘。特点鲜明的外形使它成为块根类萝藦中声名显赫的一员。

球杠柳属目前只有一个种，即紫背球杠柳。

11. 紫背球杠柳

学名：*Petopentia natalensis*

特征：俗称紫背萝藦，原生自非洲东部。叶子正面墨绿油亮，背面呈鲜艳紫色，冬季落叶休眠。

薯萝藦属
Raphionacme

薯萝藦属的植物很多具有膨大的块状根，有点像番薯，有些在原生地还被拿来食用。

12. 紫缎

学名：*Raphionacme grandiflora*

异名：*Pentagonanthus grandiflorus* subsp. *glabrescens*

特征：是薯萝藦属中花比较大的种，根据拉丁学名还可以直接翻译成“大花薯萝藦”，但更多是因为花瓣的颜色和质感像紫色的绸缎而备受园艺爱好者们喜爱，因此“紫缎”这个名字成为了它的专用交流名称而流传开来。

冠萝藦属的植物在植物分类上属于马利筋亚族，花的形态和马利筋比较相似，副花冠形态有些像皇冠。

（孟柯 供）

（孟柯 供）

（孟柯 供）

13. 黄冠萝藦

学名：*Stathmostelma fornicatum*

特征：副花冠为黄色，花瓣为绿色或黄色。该种根据副花冠黄色这个特征叫做黄冠萝藦，暗含“皇冠”之意。

生有块根的萝藦拓展部分：

鸿雁吊灯花（*Ceropegia papillata*）

小苞润肺草（*Brachystelma bracteolatum*）（白阳 供）

玲珑润肺草（*Brachystelma pulchellum*）（白阳 供）

细瓣润肺草（*Brachystelma gracile*）（白阳 供）

润肺草属（*Brachystelma* sp. aff. *lancasteri*）（黄玄定 供）

润肺草属（*Brachystelma* sp. aff. *lancasteri*）（黄玄定 供）

润肺草属（*Brachystelma* sp.）

紫花薯萝藦（*Raphionacme splendens*）的亚种：紫光薯萝藦（*Raphionacme splendens* subsp. *bingeri*） （贺慧斌 供）

野生环境中的紫金薯萝藦（*Raphionacme dyeri*） （Georg Fritz 供）

绿轮润肺草（*Brachystelma chlorozonum*） 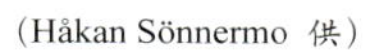 （Håkan Sönnermo 供）

素毛润肺草（*Brachystelma meyerianum*） （Håkan Sönnermo 供）

润肺草（*Brachystelma tuberosum*） 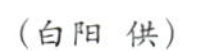 （白阳 供）

尖齿薯萝藦（*Raphionacme angolensis*） （黄玄定 供）

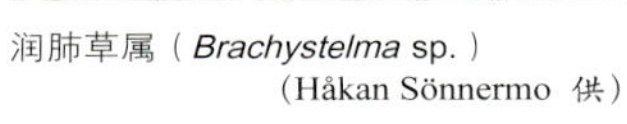

润肺草属（*Brachystelma* sp.）
（Håkan Sönnermo 供）

丝笼润肺草（*Brachystelma circinnatum*）
（白阳 供）

小润肺草（*Brachystelma nanum*）
（Håkan Sönnermo 供）

金星润肺草（*Brachystelma caffrum*）
（Sean Gildenhuys 供）

芋根藤（*Cibirhiza dhofarensis*），拍摄于阿曼的佐法尔（Dhofar）
（Marie Rzepecky 供）

布鲁斯润肺草（*Brachystelma bruceae*）的亚种：红脉润肺草（*Brachystelma bruceae* subsp. *hirsutum*），拍摄于南非的姆普马兰加（Mpumalanga），靠近巴伯顿（Barberton）的地区
（Giuseppe Orlando 供）

生长于野外的臭润肺草（*Brachystelma foetidum*）
（Georg Fritz 供）

粗毛薯萝藦（*Raphionacme hirsuta*） （Georg Fritz 供）

阿拉伯薯萝藦（*Raphionacme arabica*），拍摄于阿曼的佐法尔（Dhofar）
（Marie Rzepecky 供）

野生的粗毛薯萝藦（*Raphionacme hirsuta*） （Georg Fritz 供）

正在开花的阿拉伯薯萝藦（*Raphionacme arabica*）土层下的块根，拍摄于阿曼的佐法尔（Dhofar）（Marie Rzepecky 供）

四、翩翩起舞的精灵——吊灯花属萝藦

吊灯花属又称蜡泉花属，“*Ceropegia*”是这个属的拉丁文属名，“cero”这个拉丁词根源自于希腊文的“keros”，它的意思是“蜡或蜡质的东西”（wax）；而“pegia”这个拉丁词根源自于希腊文的“pege”，它的意思是“喷泉，泉水”(fountain)。“*Ceropegia*”这个复合式拉丁词汇是参考这种植物的花的质感及花簇的形态而得来的。

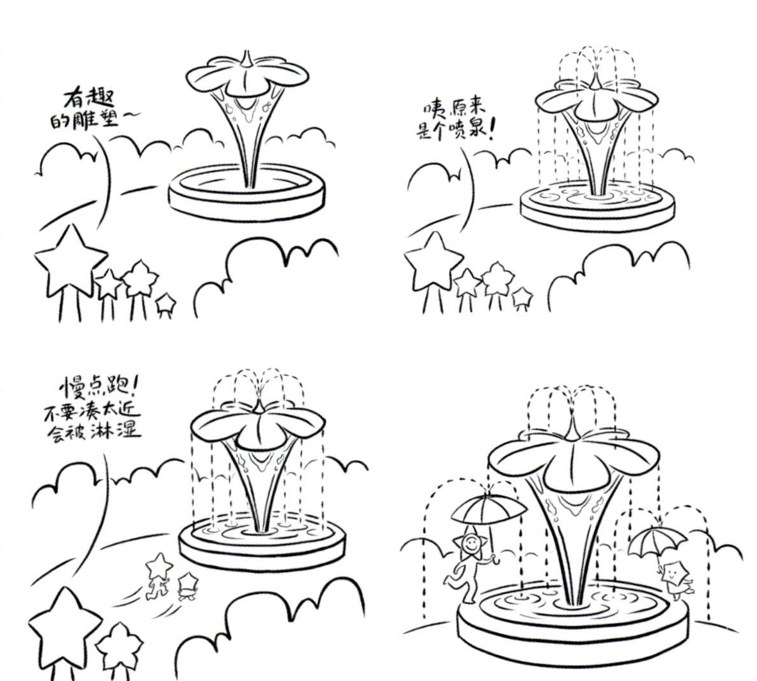

该属有 170 余种，其中许多为多肉植物，生有较厚的肉质叶片，也有的生有肉质的茎干。产于非洲、亚洲、加那利群岛、澳大利亚的热

带和亚热带干旱或雨林地区等地。植株易攀爬或直立生长，有的种生有圆形或纺锤状块根。茎粗细不一，叶形有线形、披针形或卵状心形。花冠基部连合成球状，裂片顶端连合成灯笼状。

吊灯花属的植物形态各异，本书收录的一些种在园艺流通中已有了被广泛使用并恰到好处的中文名，书中沿用了这些名字。其余一些之前没有中文名的种，笔者在拟名的时候为了中文名能照应到植株的形态，对该属大多数萝藦的拟名遵循了以下规范：一些植株

爱之蔓（*Ceropegia woodii*）　（Bert Zaalberg 供）

形态上是细枝条状和圆棒状的种，尤其是会攀爬的种（其中也包含一些生有块根，同时枝条会攀缘的种），中文名中使用“吊灯花”“灯花”这些字眼；一些植株最初形态的茎上生有较多肉质的种和生有块根及细枝条但是不会攀缘的种，中文名中则用“腊泉花”“腊泉”这些字眼。

大多数吊灯花属的成员都具有攀援的习性，它们随着生长越爬越高直至长出花蕾，随着花蕾的慢慢成形，一朵朵精巧奇特的花挂在枝头，犹如空中起舞的精灵仙子，展现着造物主丰富的想象力。

三种不同形态的吊灯花属萝藦的花，自左至右为：白瓶吊灯花（*Ceropegia ampliata*）、醉龙吊灯花（*Ceropegia sandersonii*）、魔钳吊灯花（*Ceropegia radicans*）

以上三种吊灯花被剖开的花冠

1. 扭绳吊灯花

学名：*Ceropegia africana* subsp. *barklyi*

特征：生有块根，花冠上端的绳环状结构随着开放逐渐打开，像一个小型的打蛋器。

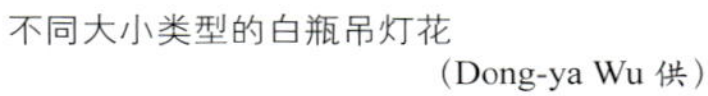

不同大小类型的白瓶吊灯花

（Dong-ya Wu 供）

2. 白瓶吊灯花

学名：*Ceropegia ampliata*

特征：白色的花冠形似圆底烧瓶，顶部绿色环状结构尖端相连，开花有淡淡的香甜气味。该种吊灯花有大小不同的类型。

3. 马兜铃吊灯花

学名：*Ceropegia aristolochioides*

特征：其种加词“*aristolochioides*”来源于马兜铃属的名称“*Aristolochia*”，拉丁文词尾“-oides”意为“如，似，像”。指该吊灯花的形状和颜色都非常近似于马兜铃的花朵。

（朱盛均 供）

（Cok Grootscholten 供）

4. 环腊泉花

学名：*Ceropegia armandii*

特征：环腊泉花又名武腊泉，种加词“*armandii*”是为了纪念一位19世纪的法国传教士和动植物学家谭卫道（Armand David）。该种外形上有别于常见的藤蔓状吊灯花属萝藦，具有菱形格状棱脊的肉质茎干，随着生长逐渐转化成可以攀缘的细藤条，黄绿色的环状花朵着生于藤条上，古怪有趣。*C.armandii* 的茎有偏绿色和偏棕褐色两种类型。

（Cok Grootscholten 供）

（叶纮甯 供）

（黄玄定 供）

由于环腊泉花（武腊泉）的肉质茎形态较特殊，一些其他种的吊灯花属萝藦也生有和它形态类似的肉质茎，所以在流通中大家习惯把这些长相和它相似的萝藦都加上“武腊泉”这个词。又由于“武腊泉”单是对这一种的称呼，所以把这个名字加上一些修饰词当做其他种的名字称为“某某武腊泉”或“某某武腊”是不准确的。由此看来，“武腊泉”并不能作为这些具有特殊形态肉质茎的吊灯花属萝藦的统称，不同的种需要有各自的名字，本书中笔者对其一一拟名加以规范。

5. 黑爪腊泉花

学名：*Ceropegia bosseri*

异名：*Ceropegia adrienneae*

特征：菱形格状棱脊的棕褐色肉质茎干较粗壮，随着生长逐渐转化成可以攀缘的细藤条，颜色对比鲜明的花朵着生于藤条上。

（游贵程 供）

（游贵程 供）

（Dong-ya Wu 供）

（Papaschon Chamwong 供）

（Papaschon Chamwong 供）

（Papaschon Chamwong 供）

（Debashis Mukhopadhyay 供）

6. 星点吊灯花

园艺名：*Ceropegia cumingiana* 'Starry Night'

特征：该种为星锤吊灯花（*C. cumingiana*）的园艺种，叶子上的斑点如点点星光，璀璨夺目。

7. 细齿吊灯花

学名： *Ceropegia denticulata*

特征： 生有细长的花筒，花冠上部色彩分层，“denticulata”的意思是“具细齿的”，形容花上明显的细齿状绒毛。花色花形易出现微小差别，亦有红色花及浅色花。

拍摄于特内里费岛　　（Roberto Mangani　供）

（Roberto Mangani　供）

8. 竹灯花

学名： *Ceropegia dichotoma*

特征： 俗称竹子萝藦，茎干呈圆棒状，一节一节形似竹竿，茎干顶端生有少量细叶，易落。前端烛焰状的浅黄色花朵着生于茎干顶部。

9. 棘龙腊泉

学名： *Ceropegia dimorpha*

特征： 与大部分吊灯花属萝藦的外形不同，种加词“dimorpha”的意思是“二型的”，它将两种形态集于一身，既生有较粗的密布刺状凸起的肉质茎干，又在生长到一定阶段时转变成细长的枝条，花着生于枝条上。花冠下部呈球状，上部环状相连，别具一格。

（Mike Haney 供）

（刘俊杰 供）

（刘俊杰 供）

10. 浓昙吊灯花

学名： *Ceropegia fusca*

特征： 浓昙吊灯花的茎干呈圆棒状分节生长，嫩枝上端生有少量细叶。花色常见棕红色，亦有褐色和黄色。中文名来源于日本园艺名“濃雲”或“濃曇”。

拍摄于特内里费岛南部
（Roberto Mangani 供）

（Iztok Mulej 供）

（Iztok Mulej 供）

（刘育嘉　供）

（Cok Grootscholten　供）

（Cok Grootscholten　供）

（Bert Zaalberg　供）

11. 精灵吊灯花

学名：*Ceropegia haygarthii*

异名：*Ceropegia distincta* subsp. *haygarthii*

特征：奇特美丽的小花，花冠上部像顶着一根小天线，花色花形有一定的差异性，花色偏绿色或红色。亦有日本园艺名“天邪鬼”。

12. 球棒花

学名：*Ceropegia meyeri*

特征：植株藤蔓状，叶子心形。花朵形似棒球棍，奇异有趣。

（Dong-ya Wu　供）

（Dong-ya Wu　供）

13. 魔钳吊灯花

学名：*Ceropegia radicans*

特征：长钳形状的花冠上，绿色、白色、褐色三种颜色分层明显，看上去别致醒目，极具魔幻色彩。

14. 仙亭吊灯花

学名：*Ceropegia rendallii*

特征：生有块根，构造精巧的小花好似顶着一个别致的小亭子，在阳光下仙气十足，故名仙亭吊灯花。不同个体的花冠形态会出现或大或小的差异性，有的上部的“亭”状结构会更高。

15. 醉龙吊灯花

学名：*Ceropegia sandersonii*

特征：俗称“降落伞”。植株茎部为常绿藤状，生有较厚的肉质叶片，花朵颜色绿白相间，花瓣部分合生，外缘有纤毛，构造精巧呈灯笼状，便于引虫媒入瓮。是该属中花朵较大的一种，数朵同时开放时，甚是奇异美丽。醉龙与其他吊灯花杂交，花朵会出现一些形色与自身差异或大或小的新样貌。

剖开醉龙的笼状花冠，能嗅到淡淡的类似于茉莉花的清香气味。花冠下部靠近副花冠的地方聚集了不少被花朵气味吸引来的虫媒。如同许多其他吊灯花一样，这种特殊的花冠构造易于把小飞虫吸引到花管下部的狭小空间里，大大提高了授粉成功的概率。

16. 宝瓶腊泉

学名：*Ceropegia simoneae*

特征：生有菱形格状棱脊的灰色肉质茎，随着生长逐渐转化成可以攀缘的细藤条，瓶状花朵着生于茎前端或细藤条上，花顶端有五条生有细小绒毛的须状结构。其在园艺栽培中还有另外两种不同的形态：绿龙腊泉 [园艺名为：*Ceropegia simoneae* （Green form）] 和绿怪腊泉 [园艺名为：*Ceropegia simoneae*（Green bizarre form）]。

（Cok Grootscholten 供）

绿龙腊泉 [园艺名为：*Ceropegia simoneae* （Green form）] 特征：肉质茎干为绿色。

绿怪腊泉 [园艺名为：*Ceropegia simoneae*（Green bizarre form）] 特征：绿色的肉质茎上生有不少疣状凸起。

（刘育嘉 供）

17. 薄云吊灯花

学名： *Ceropegia stapeliiformis*

特征： 相对常见的吊灯花，尖尖的花瓣，花冠上生有一层白色绒毛，花色及花形有或大或小的差异。

（Yuki Sato 供）

（Yuki Sato 供）

（Nick Lambert 供）

（Bert Zaalberg 供）

（Bert Zaalberg 供）

18. 锚灯花

学名：*Ceropegia variegata*

特征：花苞初期形如船锚，结构精巧，即将开放时展平，花朵完全开放时花瓣打开，甚是奇特。花色及花形有差异，有的花色偏红，有的偏黄绿色，亦有花瓣更短的类型。

完全开放的锚灯花

逐渐展平的花冠

锚灯花初期的形态

绿色类型的锚灯花

爱之蔓锦（*Ceropegia woodii* f. *variegata*）

爱之蔓的块根

（杨沛萦 供）

19. 爱之蔓

学名：*Ceropegia woodii*

异名：*Ceropegia linearis* subsp. *woodii*

特征：别名心蔓、吊金钱、一寸心等，是最为常见的吊灯花属多肉植物。生有块根，茎蔓匍匐于地面或悬垂，叶腋处也会生出圆形的珠芽，起到无性繁殖的作用。心形叶片颜色美丽，亦有锦斑变异的爱之蔓锦（*Ceropegia woodii* f. *variegata*），绿色中夹杂着米黄及淡粉色，引人注目。成株会开出壶状小花，别致可爱。

吊灯花属拓展部分：

镖尾吊灯花（*Ceropegia albisepta*）的变种：烟斗吊灯花（*Ceropegia albisepta* var. *robynsiana*）

阿拉伯吊灯花（*Ceropegia arabica*）的变种：翎羽吊灯花（*Ceropegia arabica* var. *superba*）

大笼吊灯花（*Ceropegia macmasteri*）

毛口吊灯花（*Ceropegia carnosa*）

星盏吊灯花（*Ceropegia cimiciodora*）

蒙古帽花形的醉龙吊灯花（*Ceropegia sandersonii*）

黄绿腊泉花（*Ceropegia petignatii*）

蛇兽吊灯花（*Ceropegia rupicola*）的变种：花脸蛇吊灯花（*Ceropegia rupicola* var. *stictantha*）

针叶吊灯花（*Ceropegia acicularis*）

鳅须吊灯花（*Ceropegia stenoloba*）

（该页吊灯花照片均由 Cok Grootscholten 提供）

多花吊灯花（*Ceropegia multiflora*）的亚种：云丝吊灯花（*Ceropegia multiflora* subsp. *tentaculata*）

云丝吊灯花（*Ceropegia multiflora* subsp. *tentaculata*）的花瓣薄如天边的丝丝云霞，因此得名

萝藦科植物有时候会出现一个比较常见的现象：同一个种不同的个体也会有不同的表现型，茎、叶、花色、花形等多少会有些不同。吊灯花属是该科这种现象相对明显的属。

例如，不同花色和花形的锥顶吊灯花（*Ceropegia nilotica*）：

锥顶吊灯花（*Ceropegia nilotica*）
（Bert Zaalberg 供）

锥顶吊灯花（*Ceropegia nilotica*）
（Papaschon Chamwong 供）

锥顶吊灯花（*Ceropegia nilotica*）
（Papaschon Chamwong 供）

草吊灯花（*Ceropegia juncea*）未绽放的花蕾　　（Arjun Agrawal 供）

竹灯花（*Ceropegia dichotoma*），拍摄于加那利群岛　　（Roberto Mangani 供）

五、"混血王子"和"突变异族"——杂交和变异的萝藦

1. 杂交（hybrids）

萝藦科多肉植物中的一些种是经过自然界或人工杂交出现的。萝藦在同属以及不同属的种之间均有杂交现象出现。可以看出有的杂交种清晰地保留了父本和母本双方的茎及花的特点，为萝藦家族增添了更多风格迥异的奇葩。

（1）同属间的杂交

例：犀角属（*Stapelia*）萝藦的杂交。

① 红萝藦（*Stapelia schinzii*）× 妖星角（*Stapelia flavopurpurea*）：

红萝藦（*Stapelia schinzii*）（Dong-ya Wu 供）

×

妖星角（*Stapelia flavopurpurea*）（Gaetano Moschetti 供）

=

红萝藦（*Stapelia schinzii*）× 妖星角（*Stapelia flavopurpurea*）（hybrid）（吴明颢 供）

红萝藦（*Stapelia schinzii*）× 妖星角（*Stapelia flavopurpurea*）（hybrid）（吴明颢 供）

②妖星角（*Stapelia flavopurpurea*）× 仙羽犀角（*Stapelia glanduliflora*）：

妖星角（*Stapelia flavopurpurea*）

×

仙羽犀角（*Stapelia glanduliflora*）（李旭 供）

=

妖星角（*Stapelia flavopurpurea*）× 仙羽犀角（*Stapelia glanduliflora*）（hybrid）（Peter Voigt 供）

（2）不同属间的杂交

例：沙龙玉属（*White-sloanea*）萝藦和剑笋角属（*Huerniopsis*）萝藦的杂交。

沙龙玉（*White-sloanea crassa*）× 红心肝剑笋角（*Huerniopsis decipiens*）：

沙龙玉（*White-sloanea crassa*）（葛灏 供）

×

红心肝剑笋角（*Huerniopsis decipiens*）（Dong-ya Wu 供）

=

沙龙玉（*White-sloanea crassa*）× 红心肝剑笋角（*Huerniopsis decipiens*）（hybrid）（Wesley Chin 供）

一些其他的杂交种：

Huernia guttata hybrid （Olovea Kia Ora 供）

Huernia hybrid 'Korat Crimson'（*Huernia zebrina* subsp. *Black doughnut*）（Olovea Kia Ora 供）

Huernia somalica hybrid

Huernia hybrid 'Pink Eye'
（Olovea Kia Ora 供）

修罗道（*Huernia pillansii hybrid*）
（耿晓远 供）

Huernia hybrid 'Raspberry Tart'
（Papaschon Chamwong 供）

Huernia hybrid 'Raspberry Tart'
（Papaschon Chamwong 供）

Orbea hybrid （刘育嘉 供）

Hybrid（*Stapelia* × *Orbea*？）
（Felipe Escudero Ganem 供）

丽钟阁（*Tavaresia barklyi*）× 豹皮花（*Orbea variegata*） （余斌 供）

夜犀角 *Stapelia berlindensis*（hybrid）
（余斌 供）

Tavaresia hybrid（× *Tavaresia meintjesii*）
（Claudio Cravero 供）

Huernia hybrid （朱盛均 供）

Hybrid（*Hoodia* × *Tromotriche*?）（Nancy Popp Mumpton 供）

尾花角（*Orbea caudata*）× 布丁犀角（*Stapelia divaricata*）

Orbea speciosa hybrid （Claudio Cravero 供）

Orbea appears 'Starlight'（*Orbea* cv. *Starlight*）

（Mike Haney 供）

卷耳盘龙角（*Tromotriche revoluta*）× 豹皮花（*Orbea variegata*）（Wesley Chin 供）

高天角（*Stapelia gettliffei*）× 巨花犀角（*Stapelia gigantea*）（游贵程 供）

Huernia hybrid（*Huernianthus* 'Alexis'）（耿晓远 供）

杨梅剑龙角 *Huernia pendurata*（hybrid）（Attila Dénes 供）

醉龙吊灯花杂交（*Ceropegia sandersonii hybrid*）（杨沛萦 供）

× *Duvaliaranthus albostriatus* 由玉牛角属（*Duvalia*）和姬笋角属（*Piaranthus*）杂交得来 (Dennis de Kock 供)

Tavaresia hybrid：丽钟阁（*Tavaresia barklyi*）× 高天角（*Stapelia gettliffei*） (Bert Polling 供)

海马萝藦（*Stapelianthus madagascariensis* ）x 纹瓣红犀角（*Stapelia schinzii var.angolensis* ） (Abegail P. Montealegre 供)

Stapelia hybrid

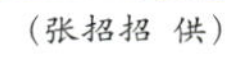

(张招招 供)

Caralluma hybrid（ × *Caralluma socotrana* ）

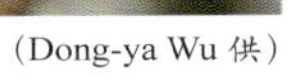

(Dong-ya Wu 供)

Huernia hybrid 'Velvet frog' (Abegail P. Montealegre 供)

2. 变异现象

（1）锦斑变异（variegata）

斑锦变异，是指植物体的茎、叶甚至子房等部位发生颜色上的改变，如变成白、黄、红等各种颜色。大部分锦斑变异并不是整片颜色的变化，而是叶片或茎部部分颜色的改变。相比原色来说，锦斑变异植物主体颜色种类更多，更具观赏性。引发植物锦斑变异的因素很多，遗传因素、浇水、日照、温度、药物、气候突变等因素都有可能造成多肉植物的锦斑变异。

萝藦科多肉植物的茎干也有锦斑变异及其他变异的现象出现，有时甚至会影响花色。

肉质茎出现锦斑变异现象的缟马锦（*Huernia zebrina* 'Variegata'）
（刘俊杰 供）

茎干出现锦斑变异现象的浓昙吊灯花锦（*Ceropegia fusca* 'Variegata'）
（黄晴 供）

其他变异现象：

波纹剑龙角（*Huernia thuretii*）茎干颜色变异现象　　（张旭 供）

变异的粉红色凝蹄玉（*Pseudolithos migiurtinus*）　　（刘俊杰 供）

与众不同的粉红色　　（刘俊杰 供）

（2）缀化变异（cristata）

缀化，是植物形态的一种变异现象。

缀化变异是指某些品种的多肉植物顶端的生长锥异常分生、加倍，从而形成许多小的生长点，而这些生长点横向发展连成一条线，最终长成扁平的扇形或鸡冠形带状体。缀化变异植株因形态奇异，观赏价值更高，又因其稀少，较原种更为珍贵。

萝藦科多肉植物的茎干也有缀化变异的现象，缀化的枝条外观连绵起伏，变得愈加古怪奇特。

剑龙角缀化（*Huernia macrocarpa* f. *cristata*）（余试 供）

钟楼阁缀化（*Stapelia leendertziae* f. *cristata*）（张旭 供）

佛头玉缀化（*Larryleachia cactiformis* f. *cristata*）（黄玄定 供）

毛绒角缀化（*Stapelianthus pilosus* f. *cristata*）（黄玄定 供）

修罗道缀化（*Huernia pillansii hybrid* f. *cristata*）（黄玄定 供）

耀玉牛角（*Duvalia polita*）缀化的肉质茎成鸡冠状 （Georg Fritz 供）

画笔水牛角（*Caralluma penicillata*）缀化的茎干 （Gaetano Moschetti 供）

THANKS 致谢

本书的出版首先要感谢多肉植物微信公众号“进击的多肉”作者吴桐对于出版社的热心引荐以及长期以来的大力支持。感谢东南亚植物学者、原中科院华南植物园东南亚植物引种保育工作者杨晓洋（不乖书生）对于书中萝藦科多肉植物中文名拟定的提议和悉心帮助，以及对本书内容的审校工作。感谢中科院植物研究所刘冰博士对书中部分内容进一步的审校工作。

衷心感谢在本书编写过程中给予支持和提供图片的中外学者、摄影师、相关机构及热心的花友们。在你们的帮助下，这些散落在世界各地的萝藦奇葩才能汇集到本书中与读者见面。在此，我要感谢：

余斌、耿晓远、葛灏、吴东晔、林倩仔、史力如、Dennis De Kock、John Pilbeam、Bert Polling、Cok Grootscholten、Martin Heigan、Gaetano Moschetti、Iztok Mulej、Wesley Chin、Giuseppe Orlando、Mike Haney、Rafael Cruz García、Georg Fritz、Michele Rodda、Silvia Ruwa、Pijaya Vachajitpan、Luiza Ferreira、John Trager、Peter Voigt、Sean Gidenhuys、Andries Cilliers、Marie Rzepecky、Arjun Agrawal、Rakesh Kumar Yadav、Evgeny Dyagilev、Yuri Ovchinnikov、Francois Kriel、Bert Zaalberg、Jaromir Chvastek、Hendri Pretorius、Obety José Baptista、Roberto Mangani、Attila Dénes、Claudio Cravero、Debashis Mukhopadhyay、Etwin Aslander、Evelyn Durst、Håkan Sönnermo、Hudson Laguna、Nick Lambert、Paul Shirley、Eanne Lee、Olovea Kia Ora、Dup du Plessis、

Papaschon Chamwong、Abegail P. Montealegre、Riaan Chambers、Poramet Anantayanukul、Jan Kaess、Nella Goloviznina、Sven Petersohn、Ton Rulkens、Lukács Márk、Waliston Augusto、Weijen Ang、Nancy Popp Mumpton、Noriyuki Yanagida、Hiroshi Yabe、Florent Grenier、Yuki Sato、Felipe Escudero Ganem、Mustafa Remzi Mert、Francisco Noguera Molina（Agroideas Cactus y Suculentas: www.cactusagroideas.com）、Kouzou Akaishi 及机构 NPO/Web-shaboten-shi、SP 多肉植物园、章奇、张招招、沈轶、敖明姣、白阳、静海、陈志伟、陈少祥、潘克、陈御、汪远、李梅华、刘俊杰、纪俊汉、游贵程、吴明颢、刘育嘉、包尚弘、朱盛均、王美玲、李玉娇、杨沛萦、倪忻、叶纮寯、沈国鹏、黄玄定、刘若兰、黄晴、张诗宜、陈绍民、贺慧斌、罗罗、李康、张旭、李旭、沈献刚、吕娜、王德悦、谢继莘、张世先、孟柯、周凯、沈佳伟、李申、邱振辉、季斌、贡琛、杨文博、吴昌建。

书中所出现的拉丁学名和对应的中文名均可以在 CFH（中国自然标本馆）网站上面查询到。为此要特别感谢中国自然标本馆陈彬博士对于中文拟名工作的大力支持，也要感谢多识植物百科网站尤其是刘冰、刘夙、冯真豪等对于萝藦科多肉植物中文拟名的前期铺垫以及后期审查工作。

感谢中国林业出版社的大力支持。

此外，感谢我的父母及爱人，他们给予了我莫大的支持与鼓励。特别要感谢我的爱人，她在我编写本书的过程中协助我处理了信息及图片上大量繁杂的工作。

2016 年 12 月 16 日

跋 POSTSCRIPT

萝藦科是双子叶植物纲龙胆目下面的一个科，现在 APG 分类系统把这个科作为夹竹桃科下面的一个亚科处理。目前已知的萝藦科植物约有 250 属、2000 多种，主要分布于世界热带、亚热带地区，中国主要有 44 个属、200 多种，主要分布于我国南方的一些省份。

萝藦科植物的花跟夹竹桃科植物的花很接近，绝大多数时候是5基数，只是萝藦科花没有那么明显的左旋或右旋现象，副花冠的特化看起来也更加精巧。萝藦科中最常见的观花植物莫过于球兰属（*Hoya* spp.）。花期的时候，在藤蔓之间，许多小五角星会紧密地着生在花托上形成一个花球，灿若烟花，丽如星云。除了观花欣赏，萝藦科植物还被用来观叶，如吊灯花属的爱之蔓（*Ceropegia woodii*）、眼树莲属的青蛙藤（*Dischidia vidalii*）等。

（Michele Rodda 供）

除了被用来观花观叶，一些萝藦科植物还被用来“观肉”。为了适应沙漠或海岸干旱地区，这些萝藦科植物跟仙人掌科植物一样将营养和水分保护在肉质的茎里面。它们通常开花奇特，花冠、副花冠结构精巧，色彩搭配奇异大胆，天马行空。其肉肉萌萌的植株特点非常适合在办公室、小阳台这样的城市化小环境下培养，养好了还能开出令人惊艳的花来，这些特点俘获了众多萝藦科多肉植物爱好者的心。

多肉植物原生地大多不在中国，当地没有它们的中文名字，植物信息从当地流通到国内市场就存在一个信息转化的问题。虽然目前世界上绝大多数的植物都有拉丁学名，但是拉丁学名并不太适合国内市场以及玩家之间的交流。国际玩家也不会天天用拉丁学名交流。到了国内，早期接触这些植物的玩家不一定懂植物分类以及拉丁学名，会直接导致这类植物的中文名字有一定的错误和缪用，再随着网络进一步传播扩大，造成了现在不少中文名字混乱的情况，萝藦科多肉植物同样也存在这方面的困扰。

为了尽可能减少和避免一些错误，也方便世界华人玩家之间更好地交流和学习，一本有中文名字的萝藦科多肉植物图鉴类书籍是十分有必要的。作为中国自然标本馆（简称 CFH）中文拟名负责人之一，书生对赵达主编有心系统地梳理萝藦科多肉植物中文名这个想法非常支持。我们花了约半年时间进行中文名的商榷、拟定和进一步地规范，期间翻阅大量发表文献，细分种和种之间的差别，根据它们的当地俗名、植株特征、产地、种加词、功能作用等信息一一考究，使这些中文名尽可能在科学准确的前提下方便记忆和流通，市场的流通才是对拟名工作更好的肯定。

萝藦科多肉植物目前在国内还是比较小众的一个群体，同样也是一个相对比较空白的领域，有大量的精彩等待国内爱好者们去探索和发现。本书中的图片是由赵达主编亲自拍摄或者逐一向国内外萝藦爱好者们征集的，可以说是汇集了全世界萝藦科多肉植物爱好者的心血和多年热情投入才沉淀下来的一本书，这本书的面世着实不易。该书图片精美，内容翔实，基本上覆盖了国际上常见的所有类群，填补了中国萝藦科多肉植物的空白。无论是对于刚入门的植物爱好者，还是想在这个领域深入研究的分类学家，甚至是单纯想从自然中寻找灵感却无从下手的设计师，这本书都非常值得收藏和参考。

杨晓洋

2017 年 3 月

参考文献

[1]Focke Albers，Ulrich Meve. Illustrated handbook of succulent plants：Asclepiadaceae[M]. Berlin：Springer，2003.

[2]Georg Fritz. Einige interessante Ascleps aus dem Gebiet um Heidelberg, Gauteng, Südafrika[J]. AVONIA，2016: 107-115.

[3]Gerald S. Barad. Pollination of stapeliads[J]. Cactus and Succulent Journal (U. S.)，1990 (62)：130-140. http://www. cactus-mall. com/stapeliad/pollin. html.

[4]Iztok Mulej，Matija Strlič. Stapeliads：morphology and pollination [J]. Welwitschia，2002 (5)：6-14.

[5]Iztok Mulej . Stapeliads, orchids among succulents[J]. Welwitschia，2002 (5)：15-48.

[6]John Pilbeam. Stapeliads (refreshed)[M] . Newport Pagnell：British Cactus and Succulents Society，2014.

[7]Peter V Bruyns. Stapeliads of Southern Africa and Madagascar[M]. Pretoria：Umdaus Press，2005.

[8]R. Allen Dyer. Ceropegia, Brachystelma and Riocreuxia in Southern Africa[M]. Rotterdam: A. A. Balkema，1983.

[9] 朱成章 . 风貌特异的萝藦科多肉植物 [J]. 中国花卉盆景，2009 (3).

中文名索引

A

阿丽剑龙角 / 094
阿修罗 / 102
爱之蔓 / 244
安哥拉丽钟阁 / 192
暗色剑笋角 / 117

B

白姬玉牛角 / 068
白梅海葵角 / 185
白瓶吊灯花 / 232
白泉玉牛角 / 068
白苏豹皮花 / 123
白须角 / 123
白妖青龙角 / 078
斑点玉牛角 / 067
斑斓豹皮花 / 127
宝瓶腊泉 / 241
豹皮花 / 141
杯丽盘龙角 / 198
波点剑龙角 / 100
波纹剑龙角 / 109
薄云吊灯花 / 242
布丁犀角 / 166

C

彩姬笋角 / 150
菜水牛角 / 044
长柄六棱萝藦 / 148
长柄盘龙角 / 199
长柄犀角 / 167
长茎肉珊瑚 / 160
长毛玉牛角 / 070
长尾犀角 / 178
齿龙角 / 159
雏鸟阁 / 124
垂悬龙角 / 101
刺瓣三齿萝藦 / 195
刺天角 / 133
粗枝犀角 / 165
翠海盘车 / 129
翠刃角 / 046

D

大豹皮花 / 136
大萼润肺草 / 218
大花缟马 / 113
大花丽钟阁 / 193
大花犀角 / 171
丹霞犀角 / 177
点纹豹皮花 / 124
冬枣青龙角 / 076
短齿棒星角 / 135
短喙剑龙角 / 092
短绒玉牛角 / 071
钝牛角 / 072
多变犀角 / 194

E

二色尖星角 / 142

F

方凝蹄玉 / 206
方枝白前 / 063
飞镖玉牛角 / 065
佛头玉 / 209
佛指玉 / 210
伏龙角 / 119
浮石盘龙角 / 198

G

刚果犀角 / 175
高天角 / 169
糕点六棱萝藦 / 147
缟马 / 112
骨节白前 / 063
光棍白前 / 062
龟甲番萝藦 / 221
鬼点水牛角 / 043

H

海岛青龙角 / 076
海葵萝藦 / 186
海马萝藦 / 188
豪猪剑龙角 / 096
黑眉盘龙角 / 200
黑沙剑龙角 / 090
黑爪腊泉花 / 234
红尘六棱萝藦 / 148
红唇海葵角 / 188
红唇剑龙角 / 101
红海葵角 / 189
红幻窟 / 130
红角佛头玉 / 209
红脉白前 / 062
红莓剑龙角 / 105
红魔王豹皮花 / 134
红犀角 / 179

红心肝剑笋角 / 117
红须剑龙角 / 091
红晕剑龙角 / 108
红爪润肺草 / 218
壶花角 / 190
虎斑盘龙角 / 201
花斑剑龙角 / 103
花斑雀喙阁 / 122
花虫六棱萝藦 / 146
画笔水牛角 / 048
环腊泉花 / 233
黄冠萝藦 / 223
黄金豹皮花 / 134
火山豹皮花 / 137
火星人 / 220

J

姬龙角 / 118
棘龙腊泉 / 236
尖耳豹皮花 / 139
尖锐角 / 110
剑龙角 / 099
金钩青龙角 / 079
金冠润肺草 / 217
金花青龙角 / 075
金纹犀角 / 165
金簪水牛角 / 045
锦杯阁 / 125
精灵吊灯花 / 237
巨花犀角 / 169
巨棱阁 / 049
巨龙角 / 082
卷耳盘龙角 / 200

K

肯尼亚剑龙角 / 097

L

蜡扣豹皮花 / 130
立花犀角 / 180
丽斑豹皮花 / 140
丽杯阁 / 086
丽钟阁 / 193
栗斑豹皮花 / 121
鳞龙角 / 162
玲珑豹皮花 / 138
流苏水牛角 / 041
六道水牛角 / 047
龙卵窟 / 215
罗盘犀角 / 166

M

麻点豹皮花 / 137
马兜铃吊灯花 / 233
满月剑龙角 / 095
毛绒角 / 189
毛犀角 / 173
锚灯花 / 243
玫瑰剑龙角 / 105
梅鹿角 / 121
美花角 / 043
美丽水牛角 / 051
迷宫犀角 / 163
米巴钩蕊花 / 191
密绒犀角 / 176
密纹豹皮花 / 176
磨盘玉牛角 / 066
魔窟剑龙角 / 092
魔钳吊灯花 / 238
魔眼豹皮花 / 131
木骨龙 / 051
木刻犀角 / 181

N

念珠水牛角 / 048
柠檬豹皮花 / 139
凝蹄阁 / 207
凝蹄玉 / 205
扭绳吊灯花 / 232
浓昙吊灯花 / 236

O

欧石楠青龙角 / 075
欧洲水牛角 / 045

P

皮纹犀角 / 164
苹果萝藦 / 077

Q

奇异剑龙角 / 103
青龙角 / 074
球棒花 / 237
球花角 / 064
球花润肺草 / 216
曲冠角 / 040

R

绒伞水牛角 / 053

S

洒金豹皮花 / 135
沙龙角 / 110
沙龙玉 / 208
沙特阿拉伯剑龙角 / 106
砂朵六棱萝藦 / 146
珊瑚萝藦 / 050
蛇头凝蹄玉 / 206
圣杯阁 / 126
石榴海葵角 / 187
霜姬水牛角 / 042
水晶豹皮花 / 132
四方水牛角 / 049
素豹皮花 / 125
素花润肺草 / 219
素罗剑龙角 / 099
素颜剑龙角 / 108

索马里剑龙角 / 107
索马里玉牛角 / 069

T

太阳神盘龙角 / 201
炭蕊豹皮花 / 132
唐人棒 / 046
秃玉牛角 / 070

W

丸犀角 / 178
婉玉牛角 / 067
网纹剑龙角 / 104
尾花角 / 122
纹武士剑龙角 / 097
卧龙角 / 104
乌金三齿萝藦 / 194
乌芒南蛮角 / 152
乌伞角 / 040
无毛剑龙角 / 098

X

细瓣水牛角 / 065
细齿吊灯花 / 235
细纹剑龙角 / 098
峡谷剑龙角 / 091
夏普青龙角 / 078
仙巢豹皮花 / 120
仙女棒肉珊瑚 / 160
仙亭吊灯花 / 238
仙羽犀角 / 170
小花凝蹄玉 / 207
小花犀角 / 181
星点吊灯花 / 234
秀钟青龙角 / 073
旋纹豹皮花 / 131

Y

眼斑剑龙角 / 100
妖舞角 / 133
妖星角 / 168
耀玉牛角 / 069
叶牛角 / 085
异杯角 / 118
莹珠角 / 138
硬枝豹皮花 / 136
油点剑龙角 / 093
油皮犀角 / 164
鱼竿水牛角 / 053
玉杯水牛角 / 050
玉牛角 / 066
玉簪球花角 / 064
圆钵剑龙角 / 109
圆丘豹皮花 / 142
月儿剑龙角 / 094

Z

章鱼豹皮花 / 141
针叶润肺草 / 217
钟楼阁 / 175
皱花犀角 / 180
皱龙角 / 155
皱翼剑龙角 / 090
朱砂剑龙角 / 107
侏儒剑龙角 / 095
珠点佛头玉 / 209
蛛丝水牛角 / 041
竹灯花 / 235
烛腊泉 / 219
烛台白前 / 063
蛀痕盘龙角 / 199
子弹青龙角 / 079
紫背球杠柳 / 222
紫缎 / 222
紫壶青龙角 / 073
紫龙角 / 126
紫麻角 / 140
紫毛水牛角 / 047
紫水角 / 177
紫微星犀角 / 179
醉龙吊灯花 / 239

拉丁名索引

B

Ballyanthus prognathus / 040
Baynesia lophophora / 040
Brachystelma barberiae / 215
Brachystelma buchananii / 216
Brachystelma filifolium / 217
Brachystelma maritae / 217
Brachystelma megasepalum / 218
Brachystelma plocamoides / 218
Brachystelma vahrmeijeri / 219

C

Caralluma adscendens var. *fimbriata* / 041
Caralluma arachnoidea / 041
Caralluma burchardii / 042
Caralluma cicatricosa / 043
Caralluma crenulata / 043
Caralluma edulis / 044
Caralluma europaea / 045
Caralluma flava / 045
Caralluma foetida / 046
Caralluma furta / 046
Caralluma hexagona / 047
Caralluma lavranii / 047
Caralluma moniliformis / 048
Caralluma penicillata / 048
Caralluma quadrangula / 049
Caralluma retrospiciens / 049
Caralluma socotrana / 050
Caralluma solenophora / 050
Caralluma speciosa / 051
Caralluma stalagmifera / 051
Caralluma turneri / 053
Caralluma umbellata / 053
Ceropegia africana subsp. *barklyi* / 232
Ceropegia ampliata / 232
Ceropegia aristolochioides / 233
Ceropegia armandii / 233
Ceropegia bosseri / 234
Ceropegia conrathii / 219
Ceropegia cumingiana 'Starry Night' / 234
Ceropegia denticulata / 235
Ceropegia dichotoma / 235
Ceropegia dimorpha / 236
Ceropegia fusca / 236
Ceropegia haygarthii / 237
Ceropegia meyeri / 237
Ceropegia radicans / 238
Ceropegia rendallii / 238
Ceropegia sandersonii / 239
Ceropegia simoneae / 241
Ceropegia stapeliiformis / 242
Ceropegia variegata / 243
Ceropegia woodii / 244
Cynanchum aphyllum / 062
Cynanchum insigne / 062
Cynanchum marnierianum / 063
Cynanchum perrieri / 063
Cynanchum rossii / 063

D

Desmidorchis impostor / 064
Desmidorchis tardellii / 064
Duvalia angustiloba / 065
Duvalia caespitosa / 065
Duvalia corderoyi / 066
Duvalia elegans / 066
Duvalia maculata / 067
Duvalia modesta / 067
Duvalia parviflora / 068
Duvalia pillansii / 068
Duvalia polita / 069
Duvalia somalensis / 069
Duvalia sulcata / 070
Duvalia sulcata subsp. *seminuda* / 070
Duvalia velutina / 071
Duvaliandra dioscoridis / 072

E

Echidnopsis archeri / 073
Echidnopsis ballyi / 073
Echidnopsis cereiformis / 074
Echidnopsis chrysantha / 075
Echidnopsis ericiflora / 075
Echidnopsis fartaqensis / 076
Echidnopsis insularis / 076
Echidnopsis malum / 077
Echidnopsis mijerteina / 078
Echidnopsis sharpei / 078
Echidnopsis squamulata / 079
Echidnopsis watsonii / 079
Edithcolea grandis / 082

F

Fockea edulis / 220

Frerea indica / 085

H

Hoodia gordonii / 086
Huernia andreaeana / 090
Huernia aspera / 090
Huernia barbata / 091
Huernia blyderiverensis / 091
Huernia brevirostris / 092
Huernia erectiloba / 092
Huernia guttata / 093
Huernia hallii / 094
Huernia hislopii / 094
Huernia hislopii subsp. *robusta* / 095
Huernia humilis / 095
Huernia hystrix / 096
Huernia insigniflora / 101
Huernia keniensis / 097
Huernia kennedyana / 097
Huernia laevis / 098
Huernia leachii / 098
Huernia macrocarpa / 099
Huernia mccoyi / 099
Huernia occulta / 100
Huernia oculata / 100
Huernia pendula / 101
Huernia pillansii / 102
Huernia plowesii / 103
Huernia praestans / 103
Huernia procumbens / 104
Huernia reticulata / 104
Huernia rosea / 105
Huernia rubra / 105
Huernia saudi-arabica / 106
Huernia schneideriana / 107
Huernia somalica / 107
Huernia tanganyikensis / 108
Huernia thudichumii / 108
Huernia thuretii / 109
Huernia urceolata / 109
Huernia verekeri / 110
Huernia whitesloaneana / 110
Huernia zebrina / 112
Huernia zebrina var. *magniflora* / 113
Huerniopsis atrosanguinea / 117
Huerniopsis decipiens / 117

L

Larryleachia cactiformis / 209
Larryleachia perlata / 209
Larryleachia tirasmontana / 209
Lavrania haagnerae / 220
Luckhoffia beukmanii / 118

M

Matelea cyclophylla / 221

N

Notechidnopsis tessellata / 118

O

Ophionella arcuata subsp. *mirkinii* / 119
Orbea abayensis / 120
Orbea albocastanea / 121
Orbea baldratii / 121
Orbea carnosa subsp. *keithii* / 122
Orbea caudata / 122
Orbea chrysostephana / 123
Orbea ciliata / 123
Orbea conjuncta / 124
Orbea cooperi / 124
Orbea decaisneana / 126
Orbea deflersiana / 125
Orbea denboefii / 125
Orbea distincta / 126
Orbea doldii / 127
Orbea dummeri / 129
Orbea gemugofana / 130
Orbea gerstneri subsp. *elongata* / 130
Orbea halipedicola / 131
Orbea hardyi / 131
Orbea laticorona / 132
Orbea longii / 132
Orbea lugardii / 133
Orbea luntii / 133
Orbea lutea / 134
Orbea lutea subsp. *vaga* / 134
Orbea macloughlinii / 135
Orbea maculata subsp. *rangeana* / 135
Orbea melanantha / 136
Orbea namaquensis / 136
Orbea paradoxa / 137
Orbea pulchella / 137
Orbea rogersii / 138
Orbea schweinfurthii / 138
Orbea semitubiflora / 139
Orbea semota / 139
Orbea speciosa / 140
Orbea ubomboensis / 140
Orbea umbracula / 141
Orbea variegata / 141
Orbea wissmannii var. *eremastrum* / 142
Orbea woodii / 142

P

Pectinaria articulata / 146
Pectinaria asperiflora / 146
Pectinaria longipes / 148
Pectinaria maughanii / 148
Pectinaria namaquensis / 147
Petopentia natalensis / 222
Piaranthus geminatus / 150
Pseudolithos caput-viperae / 206
Pseudolithos cubiformis / 206

Pseudolithos dodsonianus / 207
Pseudolithos harardheranus / 207
Pseudolithos migiurtinus / 205

Q

Quaqua mammillaris / 152

R

Raphionacme grandiflora / 222
Rhytidocaulon macrolobum / 155
Richtersveldia columnaris / 159

S

Sarcostemma vanlessenii / 160
Sarcostemma viminale / 160
Socotrella dolichocnema / 162
Stapelia arenosa / 163
Stapelia asterias / 164
Stapelia baylissii / 164
Stapelia cedrimontana / 165
Stapelia clavicorona / 165
Stapelia divaricata / 166
Stapelia engleriana / 166
Stapelia erectiflora / 167
Stapelia flavopurpurea / 168
Stapelia gettliffei / 169
Stapelia gigantea / 169
Stapelia glanduliflora / 170
Stapelia grandiflora / 171
Stapelia hirsuta / 173
Stapelia kwebensis / 175
Stapelia leendertziae / 175
Stapelia mutabilis / 176
Stapelia obducta / 176
Stapelia olivacea / 177
Stapelia pearsonii / 177
Stapelia pillansii / 178
Stapelia remota / 178
Stapelia schinzii / 179
Stapelia scitula / 179
Stapelia similis / 180
Stapelia surrecta / 180
Stapelia unicornis / 181
Stapelia villetiae / 181
Stapelianthus arenarius / 185
Stapelianthus decaryi / 186
Stapelianthus insignis / 187
Stapelianthus keraudreniae / 188
Stapelianthus madagascariensis / 188
Stapelianthus montagnacii / 189
Stapelianthus pilosus / 189
Stapeliopsis saxatilis / 190
Stathmostelma fornicatum / 223
Sulcolluma mirbatensis / 191

T

Tavaresia angolensis / 192
Tavaresia barklyi / 193
Tavaresia grandiflora / 193
Tridentea gemmiflora / 194
Tridentea jucunda / 194
Tridentea virescens / 195
Tromotriche aperta / 198
Tromotriche baylissii / 198
Tromotriche herrei / 199
Tromotriche longipes / 199
Tromotriche pedunculata / 200
Tromotriche revoluta / 200
Tromotriche revoluta var. *tigrida* / 201
Tromotriche umdausensis / 201

W

White-sloanea crassa / 208